中国明清家具鉴赏

李锡平 编著

湖南美术出版社

图书在版编目（CIP）数据

石韵恪雅: 中国明清家具鉴赏 / 李锡平编著. 一 长沙 : 湖南美术出版社, 2012.11

ISBN 978-7-5356-5950-7

Ⅰ. ①中… Ⅱ. ①李… Ⅲ. ①木家具－鉴赏－中国－明清时代 Ⅳ. ①TS666.204.8

中国版本图书馆CIP数据核字(2012)第307273号

石韵恪雅 中国明清家具鉴赏

出 版 人：李小山
编　　著：李锡平
责任编辑：李　坚
封面设计：麟子工作室
责任校对：徐　晶
出版发行：湖南美术出版社
（长沙市东二环一段622号）
经　　销：湖南省新华书店
制　　版：嘉偉文化 JARL.V CULTURE
印　　刷：长沙湘诚印刷有限公司
（长沙市开福区伍家岭新码头95号）
开　　本：787×1092　1/16
印　　张：17
版　　次：2013年3月第1版
2013年3月第1次印刷
书　　号：ISBN 978-7-5356-5950-7
定　　价：88.00元

邮购联系：0731-84787105　邮　编：410016
网址：http://www.arts-press.com/
电子邮箱：market@arts-press.com
如有倒装、破损、少页等印装质量问题，请与印刷厂联系斢换。
联系电话：0731-84763767

总 序

众所周知，中国是世界四大文明古国之一，有着悠久的历史和灿烂的文化。在数千年历史发展的长河里，先古的遗存灿若繁星，是我国传统文化宝库中的巨大财富。

收藏是一门学问，我国古代文玩遗存种类繁多，按材质分有石器、玉器、陶器、瓷器、青铜器、金银器、漆器、竹木牙角器等，按功能分有礼器、生活用具、农具、武器、车马器、度量衡器、货币、玺印、服饰等等。这些器物从肇始到成熟，再到鼎盛时期，都有各自的发展轨迹和时代特征，它们既相互影响，又自成体系，大大丰富了我国博大精深的传统文化。

收藏的起源应该很早。在唐代，唐太宗李世民就是收藏领域中的典型代表。他不但治国有方，而且十分钟爱收藏，被世人誉为“天下第一帖”的王羲之的《兰亭序》，可谓字字珠玑，即是他藏品中的一件。他不但在生前召集名家重臣临帖摹写，去世后还将此件千古名帖带进墓中。宋代，金石学兴起，收藏活动逐渐从宫廷走向民间，大批的书画、金石学者尽搜商周甲骨、金石、钟鼎文字以及春秋战国及秦汉之古玺、瓦当，以求参变篆意，革新书风，大大推动了民间收藏活动的盛行。自此，民间收藏的范围也逐渐扩大，文玩收藏的品类也渐趋拓宽。北宋收藏家吕大临（1044年～1091年）的著录《考古图》中就收录了当时秘阁、太常、宫廷和民间所藏共计224件青铜器、13件玉器和1件石器，并记载有38位民间收藏者。明清以来，民间文玩的收藏已蔚然成风，不仅人数增多，名家辈出，各种收藏著录也相继问世。但是由于清廷腐败无能，国外列强用坚船利炮轰开了旧中国的大门，八国联军火烧圆明园，烧杀掳掠，大批的宫廷、民间珍宝被抢掠殆尽。至民国，军阀混战，民不聊生，外国商人又纷纷来华争购各种文玩藏器，一时文玩作伪之风极为兴盛，致使各种文玩赝品充斥泛滥。

新中国成立初期，民间文玩收藏在“破四旧”及轰轰烈烈的“文化大革命”运动中陡然冷却，收藏之风一时归于平静。

收藏之风的再度兴起应是在20世纪80年代。改革开放的一声春雷，大地复苏，春意盎然，祖国各地百业俱兴。20余年来，随着改革开放的不断深入，我国经济持续发展，文化繁荣，科技进步，国力不断增强，国民生活水平不断提高。人们对物质文明、精神文明的需求也发生了许多变化，开始把目光再次转向了收藏。今日，民间大大小小的收藏团体、古玩城、私营博物馆以及市场门店遍及各地，民间文玩收藏之风炽烈。

从某种角度看，藏宝于民不但可以弥补国家相关部门收藏的不足与缺憾，对于传承和弘扬我国传统文化，有着积极和深远的意义。

古代文玩大部分与馆藏文物一样，同属人类的文化遗存。之所以称之为“文玩”，是就其与馆藏文物的区别而言。第一，馆藏文物一般都是经过国家相关机构或部门进行过科学考证的，有着明确的历史文化价值和考古研究价值，它为研究社会发展进步提供了可靠的史料依据。而文玩不同，虽大部分亦属于文物的范畴，或许也具有文物同等的研究价值，但由于只在藏家之间交流、把玩与欣赏，逐渐脱离了原本的遗存环境，同时又缺乏权威机构的鉴定认可，其科考价值远不及馆藏文物。第二，馆藏文物的主要作用是为研究和考证提供依据，并不在市场上流通，准确地说是不能以经济价值去衡量其存在的重要性和意义。而文玩则不同，它是在市场流通的一种商品，它的价值主要是在市场流通交易中产生的商品经济价值。当然，这样机械地区分文物与文玩也未免过于简单。收藏文玩之所以成为当今人们的精神追求，正是因为人们在探究文玩所承载的历史、文化、艺术、风俗等等信息的同时，还可以在真与假、善与恶、得与失、金钱与道德之间考量、修炼身心与情操，丰富精神生活，提高生活的品位。所以，文玩具有藏之不贫、拥之不俗，集商品经济价值和文化艺术价值于一身的特点。

但是，我们也必须清醒地认识到，由于人们思想意识、道德水准存在差异，在市场经济面前，大批的伪作、赝品也充斥着市场，作伪之风难以断绝。由此，我们策划出版了这套《中国民间文玩珍赏丛书》，内容涉及我国古代铜镜、印玺、瓦当、砚台、玉器、瓷器、家具、赏石、佛像、紫砂器、灯具、钱币等专题收藏项目，并以各专项收藏门类为单位，辅以大量的一手图片资料，详细地阐述了各文玩专题的分类和发展特点，还兼顾到各门类保养、作伪与辨伪等方面的一些基础知识等等。加注藏品市场价格是我们在后期增加的内容之一，这主要是想告诉更多的读者，一方面各大拍卖会的拍卖仍在有增无减地继续，另一方面在拍卖会的背后也有大量的藏品在进行着交易，而且其藏品的珍稀程度、品相、真伪以及交易价格的落差等情况都是客观存在的。我们希望读者在了解相关知识的同时，对当前的市场也有所了解。

我们希望这套丛书的出版，能够更为广泛地普及我国古代文玩知识，能够使读者对我国传统文化有所了解，对文玩的收藏和经营有所领悟。与此同时，我们也必须承认，自己所掌握的相关文玩知识毕竟有限，书中的谬误和不足也在所难免。我们也希望通过这套丛书的出版发行，能够引起各位文玩爱好者、收藏者、经营者以及相关人士的关注，并诚挚地希望大家对这套丛书多多批评和指正，以便我们相互学习、共同进步。

读者交流邮箱：ideagb@163.com。

故宫游玩后的持续探索（代序）

我国自古就有一句“读万卷书，行万里路”的谚语，说的是两种学习的方法。前者说的是通过博览群书的阅读方法，广泛地获取前人的知识，特别是通过阅读前代圣贤的著述，了解他们的思想，复经自己认真的思考和领悟，掌握其要旨，再将众家学说进行深入分析、比较和总结，发己论而成一家之言，是一种提高自身学识和修养的途径。在这一方面，我国古代不乏贤能先例可列举。典型的如孔子，在其年轻时就极为勤奋，读书极广。《论语》中曾言：“十室之邑，必有忠信如丘者焉，不如丘之好学也。”再如孟子，少年之时就博学广闻，认为：“求知以博览群书始，实不失为合理之举，因为以个人有限的精力，万万不足以亲身一一发现、经历，且无此必要，明智之举就是通过博览群书把已有的知识、学说纳入胸中。”如此等等。尽管读书是一种获取知识的良好途径，但古人认为，仅靠读书还不够，还要“行万里路”，就是通过游历、游学的方式，在行走游历中发现问题，产生疑问，继而在游走中观察、考证和获取知识的方法。

古人认为，万里之行的游学可增长见识，可以印证书本中的知识，不仅可通过亲身所见考察事物的变化及其原因，还可将自己分析论证所得出的看法和见解广布于众。如孔子所言之“人之游，观其所见，我之游，观其所变”是也。故早在春秋之时，孔子、孟子都周游列国，在游历中学习，同时又在游历中推行自己的学术主张和政治理论；而汉之司马迁竟在十年苦读之后，游历天下，尽观世间百态，为著成《史记》丰富了充足的社会实践阅历。于是就又有了“读万卷书不如行万里路”之说。

可见，读书和游学是两种必不可少的求知的途径和模式。

对于明清传统家具的一些思考和看法，笔者不论在学术上抑或在远足游学的经历上，显然不足与前贤相提并论，但在弱冠之时的一次故宫之行后，我的探索之旅开始了。13岁那年，我和幼时的伙伴参观游览了故宫博物院。那是在一个晴朗的上午，和煦的阳光随着时间的推移，透过窗棂的孔洞投射在了清代皇帝高大的屏风和宝座之上，两边挺拔的立柱上也洒下了点点阳光，大殿内金碧辉煌，气氛庄严、威武而神秘。尤其那陈设于台基之上高耸的屏风和宽大的宝座，雕龙刻凤，在宽绰的太和殿内显得精美异常，给我留下了深刻的印象。

现在看来，那次的故宫之行，虽与“行万里路”的远足游学相去甚远，也没有太多“游学”的实际内容，但它却使我对传统家具产生了浓厚的兴趣，对我研究和探索传统明清家具产生了较大影响。

1986年，我从事了电视摄像专业工作。基于工作的便利，我曾远足于全国各地的名山大川之间，也曾穿行于江南塞北古都小镇的街巷之内，祖国江山如画。尽管如此，太和殿内屏风和宝座的金光仍然不时在我脑海中闪耀，历久弥鲜。在工作之余，我曾四处收集和阅读了大量关于明清传统家具的资料，为了开阔视野和验证资料上的观点，我在所能涉足的城镇乡野之间，执著地搜寻着散落在各地的传统家具遗存，仔细地观察、品味着传统家具的韵味。

90年代末，我认识了时为上海博物馆副馆长的汪庆正先生、景德镇陶瓷考古研究所所长刘新园先生、故宫博物院研究员李辉炳先生和现任易拍全球（北京）科贸有限公司的CEO蒋奇栖女士，并经诸友介绍与王世襄先生结缘。在畅安老人的点拨和指导下，我对明清家具的历史、制作和研究进入到了系统、规范的认识和研究层面，并于1996年尝试性地开始了明清传统家具研制工作。

在具体制作的过程中，那些曾经在我脑海中羁绊已久且挥之不去的问题又产生了全新的内容，如：如何理解和把握明清家具的“韵味”？如何才能在制作加工中准确地表现这种韵味？又如何在继承的基础上创新性地发展明清传统家具？也或许正如“读万卷书不如行万里路”所说一样，求知的欲望和痴迷再次将我引向了万里以外的探索和研究之路上。在近20年持续探索的路途中，我走访了苏作家具制作名镇的江苏省常熟市，也去过广作家具之乡的广东省中山市，还曾寻觅过“海派家具”的制作老艺人，喝过山西晋作家具老艺人递过的羊汤，也曾远赴印度考察过紫檀出产地安德拉邦、楠木的产地缅甸罗德勒和红酸枝产地——老挝的沙拉湾以及黄花梨的原产地海南省乐东县尖峰岭……或许知识没有穷尽，成功没有终点，但时至今日的我，脑海中却依然闪烁着太和殿的金光，心存远行的豪情，踌躇满志。

这本书完全是在朋友们的鼓励和支持下完成的。我想我应该感谢出版。故宫短暂的游玩后让我在持续探索中收获了知识，丰富了人生的阅历，又使我得以在学习和探索的过程中有了总结的空间。我还要感谢那些曾经和一直支持鼓励我的朋友、家人，我想没有他们将不会有远行中的那些精彩。需要说明的是，基于有限的个人力量，在整理和收集相关资料时，本书选用了一些拍卖公司的拍品，使本书的结构得以完整和完美。当然，或因本人相关知识的孤陋，使本书或存有不少舛误，希望能抛砖引玉，为弘扬我国传统文化略尽绵薄之力，还希望业界方家、学者和广大读者不吝赐教。

是为序。

壬辰年岁末　李锡平于北京石韵斋

目　录

第一章　概述

第二章　明清家具的分类

第三章　明代家具风格特征

第四章　清代家具风格特征

第五章　明清家具的作伪与辨伪

第一章 概述

一、中国古代早期家具

我国是世界“四大文明古国”之一，有着悠久的历史和无数优秀的传统文化遗存。家具是我国优秀传统文化艺术宝库中的重要组成部分。在其漫长的历史进程中，也创造出灿烂辉煌的民族文化，成为中华艺术百花园中的一朵奇葩。几千年来，在先民辛勤的劳动和创造中，我国古代家具受民族特点、时代变迁、风俗习惯、制作技巧等不同因素的影响，逐步形成了我国古代家具一段段各具历史特色的发展之路，走出与西方家具迥然不同的艺术道路，形成一种工艺精湛、样式丰富、

黄花梨四出头官帽椅

明末 高103厘米　宽53厘米　深46厘米

蕴含深厚文化意境的东方家具体系。

中国家具是中华民族的优秀文化遗产，在世界家具发展史上占有重要地位，是全世界的共同财富。

（一）家具的产生

家具作为人类改善室内居住条件的一个重要部分，是随着人类发展史一起发展的。在中国几千年的人类文明中，家具也经过了漫长的发展历程。

中国家具的产生可上溯到新石器时代。自从人类诞生以来，人们的生活方式就决定了家具的发展方向。

早在远古时期，人们除了满足正常的吃、穿、住外，家具便成了他们最先考虑的生活用品之一。但由于当时的社会环境和人们的日常生活得不到保证，因此没有现代意义上的家具陈设物。在生产力水平低下的史前时代，人们的居住方式主要是穴居和巢居，居住空间矮小，只适宜于人们席地而坐，为了避免潮湿与寒冷，保持地面的干燥和居住的舒适，人们便在地面上铺以兽皮、干草、树叶以及羽毛等，最古老的家具——席，就在这种环境下产生了。

席在很长一段时间里，兼做坐具与卧具，可谓床榻之始祖。《周礼·天官·掌次》中曾记载："王大旅上帝，则张毡案……"唐代贾公彦疏曰："案谓床也。"最简单的"木床"，大约出现于6000年前的新石器时代。当时的仰韶文化、红山文化等已具备了较为发达的房屋建筑技术和木材加工技术，人们的室内居住条件已有了很大改善。

从西安半坡村遗址发现，原始社会的半坡人开始使用了土炕，仅有10厘米高的矮炕，这便是床的雏形。据《诗经·小雅·斯干》载："乃生男子，载寝之床。"《诗经·豳风·七月》载："十月蟋蟀，入我床下。"《周礼·天官·玉府》记之："掌王之燕衣服，衽席，床笫，凡亵器。"此外，还有许多史书都有关于"床"的描述，而且其材料多为木、竹和藤等。这足以说明床的出现在我国至少有

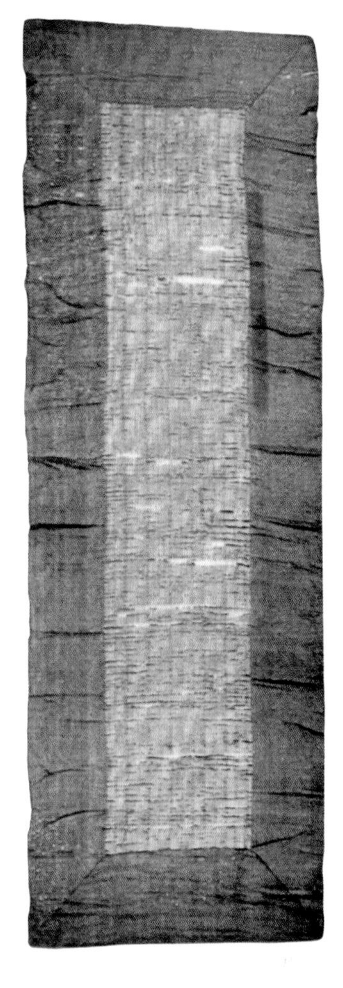

锦缘莞席

东汉　湖南长沙马王堆1号汉墓出土　湖南省博物馆藏

3000多年的历史了。

人类在使用石器工具的年代里，就会使用自然石块堆成原始家具的雏形。从历史文献记载可知，我国早在殷商以前就已发明了家具，在商、周两代的青铜器里的“俎”，已具有家具的基本形象，从而说明在奴隶社会已有家具出现。

我国“家具”一词的出现约在公元2～3世纪。最早出现在《晋书》上。《晋书》卷七十五《王述传》云：“述家贫，求试宛陵令，颇受赠遗，而修家具……”

夏商时期，“国之大事，在祀与戎”，祭祀活动成为寄托国泰民安、风调雨顺，祈求上天庇佑的重要活动形式，有着至高无上的地位。而在种种祭祀活动中所使用的礼器便成为活动中崇高神圣的重要器物，造型庄严，纹饰狰狞而富有神秘色彩。尽管如此，其中就有部分器具起到了置物、储存等作用，而成为我国早期具有实用功能的家具。比如“俎”，就是一种专门用来屠宰牲畜的案子，并把宰杀完的祭品放在上面。还有“禁”，是商代时期放酒器的台子，造型浑厚，纹饰多为庄重繁缛的饕餮纹。

夏、商、周是中国奴隶制社会逐步形成和成熟的时期，也是中国传统文化的孕育期。从文献记载和考古发掘来看，商代已开始有文字记载的历史，已发现当时史料的甲骨卜辞已有10余万片。这些甲骨卜辞记载了祖先们征伐、祭祀等各种活动的情况，也有关于家具方面的记载。例如，“宿”好似人坐卧在室内，“梦”犹如人卧于床榻上，“疾”像病人因疼痛而汗滴如雨躺卧在床上。许慎在《说文解字》释为“判木为片，即制木为板”，其中的木片就是床的解释。

夏商时期是我国古代家具的初始时期，主要有青铜家具（如青铜俎）、石质

兽面乳钉纹方鼎

商前期 通高100厘米 重82.4千克 中国国家博物馆藏

御尊

商后期 高37.1厘米 口径26.4厘米 湖北省博物馆藏

妇好墓三联甗

商后期 通高68厘米 长103.7厘米 宽27厘米 河南殷墟妇好墓出土 国家博物馆藏

炊蒸器。由一长方形似禁的承甗器和并列的三甗组成。形制特殊，在商周青铜器中仅此一例。

家具（如石俎）和漆木镶嵌家具（如木胎漆盘），这些青铜俎、木俎等，成为低矮型家具的源头。其造型纹饰原始古拙，质朴浑厚。1979年在辽宁省义县花儿楼窖藏出土的青铜质饕餮纹俎，其面板为长方形，下为相对的倒凹字形板足，板足空档两端有二瓣环形鼻连铰状环，板足饰精致的细雷纹。铃上亦饰有花纹，铜铃制作精巧。此器现藏于辽宁省博物馆。

这一时期的漆木家具也有发现。如1978年在襄汾陶寺遗址出土的彩绘木案，用木板斫削成器。案面和案足外侧涂绘，所用的颜料大多为天然矿物，如红色用朱砂，赭色用赤铁矿。出土时，案板已稍塌陷，变形，案上正中放折腹陶（温酒器），此器为商周铜禁之祖形。该木案是我国迄今为止出土最古的木质家具。

殷商的文献记载有《易经》，言：“巽在床下，用皮巫纷若，言无咎……巽在床下，丧其资斧，贞凶。”“巽卦颇吝，其中言喻，一人生病后惊恐而伏于床下，巫师施以巫术则平安无事，或有贼人入室，病人藏匿床下，丧失财产，结果凶。”从卦中可以感受到场面的恐怖，病人伏于床下(巽、伏的意思)。在这里，床虽然仅仅起到道具的作用，但可以推断，商期已出现了

三耳簋

商后期　高19.1厘米　口径30.5厘米　重6.94千克　故宫博物院藏

狭沿，深腹，高圈足。口沿下饰目雷纹及乳钉纹，圈足饰曲折角型兽面纹。有三耳，耳作一怪兽，上端怪神头部为有角人面，双手前拱，双腿曲踞，颈部浮雕，余为线雕。商人敬鬼祀神，于此纹饰可见一斑。三耳簋极为少见。

床，而且高度不低，已可容人。

西周至春秋时期是青铜家具迅速发展且漆木家具逐渐兴起的阶段。青铜家具在这一时期仍相当流行，品种更加丰富、齐全，新出现的家具形态有四耳方座簋，铸有刖足守门俑的方座鬲、禁、簋、敦、盘、异型尊、虎形灶，以及各种形体小巧的方、圆铜盒等。

此外，陕西宝鸡虢国墓、山东滕州薛国墓、北京房山琉璃河燕国墓以及陕西扶风庄白村西周铜器窖藏等，还分别出土有一器两用的俎盖方鼎、俎盖圆鼎、覆豆盖式方座簋以及双层鼎、方座四足鼎等新器形。其中鼎盖翻面使用的便是祭俎，簋的盖翻过来使用便是承盘或祭豆。而这一时期所出现的方座鬲(又称“方座簋”)，在造型设计上更是新奇别致。鬲的方座之上多开有两扇门，门上铸有守门之刖者(被砍掉一足的人)，此刖者即秦汉时所说的“厨门木像生”。厨即橱，其本义是指炊事、贮藏之所，后来出现的食具橱便是由此发展而来。另外，作为承置祭器、酒礼器用的铜禁，到战国时期则多被漆木制品所取代，其使用方式则逐渐与案合而为一，体现了铜制家具与漆木家具之间的承继关系。

随着青铜工艺的不断发展，木器加工工具也不断改进，铜锯、铜锛、铜凿普遍增多，就充分说明了这一点。各种形式的铜木结合工艺在这一时期已比较发达。如在大木梁架和车舆的连接、加固方面，青铜构件与榫卯工艺相互结合，既节省了青铜原料，又体现了建筑构件的坚固、轻巧。家具制作亦是如此，如西周时期的陕西长安沣西西周墓、宝鸡虢国贵族墓以及春秋早期的河南信阳黄君孟夫妇墓等，均发现有以漆木作胎、用铜皮包镶的精美小铜盒。这些铜盒的铜皮极薄，内嵌漆木

亚丑方簋

商　通高20.7厘米　口纵11.9厘米　宽17.6厘米　重4.9千克　台北“故宫博物院藏”

鸷鸟

商后期　通高21厘米　河南信阳地区文管委藏

龙耳簠

西周晚期　通高17.5厘米　1963年山东肥城小王庄出土　山东省博物馆藏

盖与底完全相同，作浅斗形，沿有兽首卡，使盖、底扣合牢固，足为兽形耳作卷尾龙形，饰兽体卷曲纹和象首纹。

刖人守囿铜挽车

西周　通高9.1厘米　长13.7厘米　宽11.3厘米　山西省考古研究所藏

车作厢式六轮，无辕，顶部有厢盖，前有车门，可开启，门旁立一个断左足的裸人（受刖刑者），拄杖扶门闩。车厢各处饰以兽鸟，全车可以转动的部位共15处。挽车构思奇特，制作工艺精巧。

胎，宝鸡虢国井姬墓出土的铜盒内还放有铜梳、发笄等物，说明其用途当与后来的奁盒相同，是小型漆木用具发展的新形式。而从这一时期大型棺椁、车具以及床和乐器架的出土情况看，板料的结合较夏商时期更为严密、合理，髹漆绘彩工艺被越来越多地应用。漆木器的表面多经过细致加工，榫卯结构上除更多地使用明榫(穿榫、半肩明榫)、交角榫（闭口透直榫、开口透直榫、对角扣接）和企口拼接外，还出现了多种形式的扣榫等。这些先进的木器加工工艺，除在河南浚县辛村卫国贵族墓和宝鸡虢国贵族墓等有所发现外(大型棺椁及车具)，春秋早期的黄君孟夫妇墓、春秋中晚期的湖北当阳曹家岗5号楚墓、河南淅川下寺春秋楚墓及山东海阳嘴子前齐国贵族墓等，更是提供了明确的棺椁结构和乐器陈设形式。这些发现也进一步说明，至少在春秋时期，制作华丽的漆木床应已出现，其形体结构也早已脱离了原始形态。

有关这一时期的其他漆木家具目前也已发现不少，其中最引人注目的就是用于祭祀的漆、木俎(即在祭享时用以摆放牺牲品的几形用具，其功能与祭案相似)。这种俎在西周和春秋墓葬中都有发现，西周时期的嵌蚌饰漆俎在陕西长安张家坡115号墓中出土了一件，此俎造型雅致，做工精美，是商周时期北方漆木家具的重要代表。从其制作工艺看，俎上部呈长方形大口盘状，四壁斜收，平底，盘下接一长方形四足方座；方座前后以各种蚌片镶嵌出类似饕餮纹和小窗格的对称图案，通体再髹以暗褐色漆。俎面长36厘米、宽23厘

刖人守门方鼎

西周中期 青铜器 通高17.7厘米 口长9.2厘米 口宽11.9厘米 重1750克 1976年陕西扶风庄白村出土 陕西省周原博物馆藏

鼎为方体，双附耳，分上下两层。上层为盛炭火的炉膛，正面铸能开闭的两扇门，右门外浮雕刖足者（被砍左足）持一插关，与史书记载刖者守门相符。左门有虎头关口。两侧铸方孔窗户，炉底有一圆孔。此鼎设计匠心独具，造型奇巧别致。

米、通高18.2厘米。此俎出土时上面尚放有漆杯(已残)，其侧放有铜盂、漆豆(2件)和铜鼎。漆豆也嵌有蚌饰并绘红彩，与漆俎、漆杯和铜鼎同属于礼祭之器。豆用作礼器和祭器，始于新石器时代中晚期，商周时期更为流行。如《礼记 · 郊特牲》：“鼎俎奇而笾豆偶，阴阳之义也。”孔颖达疏：“鼎俎奇者，以其盛牲体，牲体动物，动物属阳，故其数奇；笾豆偶者，其实兼有植物，植物为阴，故其数偶。故云

青铜俎

禽兽纹木胎漆俎

春秋　长24.5厘米　宽19厘米　高14.5厘米 湖北省宜昌博物馆藏

面呈长方形，四边起棱，两端上翘。俎面髹红漆，余均髹黑漆，并用红漆描绘12组34只瑞兽和8只珍禽。

阴阳之义也。”115号墓出有1鼎、1俎、2豆，其陈设正与《礼记》相合。

西周至春秋时期的俎又名“房俎”。如《礼记·明堂位》即云：“俎，有虞氏以梡，夏后氏以嶡，殷以椇，周以房俎。”郑玄注：“房谓足下跗也，上下二间，有似于堂房。”《诗经·鲁颂·闷宫》：“笾豆大房。”郑玄笺：“大房，玉饰俎也。其制足间有横，下有跗，似乎堂后有房然。”孔颖达疏：“大房与笾豆同文，则是祭祀之器。器之名房者，唯俎耳。”再结合张家坡漆俎的造型看，其上部俎面呈盘状，很像当时已出现的挑檐式房顶；俎座形状则象征房体，其侧面的窗形蚌饰分上下两对，似乎房子有上下两层；俎足之间则形成房门。因此，这件漆俎当与《礼记》中所说的“房俎”相同，是了解西周“房俎”的典型实物。

张家坡漆俎的时代相当于西周晚期。这种俎的早期形态在商代后期即已出现，其中大多数出于殷墟侯家庄西北冈商王大墓，大司空村53号商墓也曾出有用白色大理石雕制的一件，其形制与张家坡漆俎几乎完全相同。此外，地处辽西的辽宁义县花儿楼也曾出有一俎，该俎为铜铸，时代介于商末周初，整体造型与张家坡漆俎十分接近，大小也差不多，唯俎座两侧边不再开口，座内悬有两铜铃，俎座表面则饰以精美的饕餮纹，十分别致。

春秋战国时期是中国传统文化发展的雏形期，奴隶制的社会制度出现动摇的趋势，贵族垄断学术文化的局面被打破，出现了诸子涌现、百家争鸣的学术气氛。人们共同关注现实和社会的人生问题，各种学说在相互吸收、渗透中发展。随着传统典制的消亡，宗教观念也迅速褪色，从而结束了特定的文化使命。这个时期的家具所表现的理性和民间意趣日渐蔓延，艺术风格一改先前的神秘和沉重，出现了精雕细琢、镂金错彩和奢侈豪华的气象。装饰特点集绘画、雕刻于一身，采用自然景观、植物图案和想象吉兽为表现主题，用象征和联想来表达理性与浪漫的觉醒，折射出崇尚自然之美和浪漫主义的情调。

到战国时期生产力水平大有提高，人

镶嵌龙凤方案

战国中期　高36.2厘米　长47.5厘米　重18.65千克　1977年河北平山中山王墓出土　河北省博物馆藏

家具。器身方形。镶错金银纹饰，下有四只梅花鹿，两牡两牝相间侧卧，等距离环列共托一圆环。环上昂首挺立四只雄健的神龙分向四方，龙的双尾向两侧盘环反勾其双角，四龙的双翅聚于中央连接成半球形，将四龙向内固拢在一起，保证了外伸龙颈的支撑力。龙间尾部纠结处各有一凤，作引颈长鸣展翅欲飞状。龙首顶着斗木共承一方形案框。案面原是漆板，已朽。器物结构复杂，金银错纹璀璨华丽。动物造型细腻，姿态优美。

们的生存环境也相应地得到改善，与以前相比，家具的制造水平有很大提高。尤其在木材加工方面，出现了像鲁班这样技术高超的工匠，不仅促进了家具的发展，而且在木构建筑上也发挥了他们的才能。由于冶金技术的进步，炼铁技术的改进给木材加工带来了突飞猛进的变革，出现了丰富的加工器械和工具，如铁制的锯、斧、钻、凿、铲、刨等等，为家具的制造带来了便利条件。尤其是漆器制作工艺的发展，为漆木家具的崛起带来了勃勃生机。各种形式的漆木家具大量出现，家具的品种、造型和装饰手法等均发生了明显改观。从信阳、长沙战国墓出土的床、几、

虎牛铜祭案

西汉 高43厘米，长76厘米 1972年出土于云南江川李家山 现藏于云南博物馆

祭祀用青铜器具。以虎捕食一头大牛为主体，大牛的腹部站立一小牛，被认为是“滇族”的青铜器杰作，也当之无愧地称得上世界青铜文化艺术的珍品。

镶嵌神兽纹牛灯

东汉　通高46厘米　长36.4厘米
1980年江苏邗江甘泉广陵王刘荆墓出土
南京博物院藏

案等实物，可以看到工匠们已能比较熟练地在表面进行髹漆和彩绘的技术，有的家具上还出现精美的浮雕。《史记》卷七十五《孟尝君列传》记：床围为屏风上装架子挂器物的，长者和尊者要在床上施帐。

春秋战国时期，大部分的生活用具为漆器所代替，漆工艺得到较大的发展。这个时期主要的家具品种是几、案等。其中木制品大部分都以漆髹饰，一则为了美观，显示家具主人的身份和地位，二则是对木材起保护作用。当时人们的生活习惯是坐、跪于席上，所以几、案都比较低。从大量的出土实物中得知，春秋战国时出现的漆木床、彩绘床等为后来的汉代成为漆家具高峰期奠定了基础。《战国策》中说，战国四公子之一的孟尝君出游到楚国时，曾向楚王献“象牙床”。有关床的实物记载，当以1957年在河南信阳长台关一

长信宫灯

西汉　通高48厘米　重15.78千克
1968年河北满城陵山中山靖王刘胜墓出土
河北省博物馆藏

处出土的战国漆绘围栏大木床为代表，是目前所见最早并保存完好的实物。大木床由床身、床栏和床足三部分组成，周围有栏杆，栏杆为方格形，两边栏杆留有上下床的地方，长2.18米，宽1.39米，足高0.19米。这张床又大又矮，适合人们席地而坐的习惯。床框由两条竖木、一条横木构成，在此床框上面铺着竹条编的活床屉。床身通体髹漆彩绘花纹，工艺精湛，装饰华丽。由此可以看出，当时的床已很普遍，而且制作水平已相当高。这时的漆器除髹漆彩绘之外，还有雕刻、镶嵌等工艺手法，这不仅对器物起保护作用，更因漆饰和造型体现的艺术风格使人百看不厌，开创了家具工艺品的新历史。随着人们审美意识的增强，家具不仅具有使用功能，又兼有欣赏价值和观赏功能。

秦始皇统一天下，建立了中央集权的

封建国家，一系列的改革措施使政治、经济、文化都达到了一个全新的高度。规模庞大的阿房宫是秦始皇大兴土木的一个标志性建筑，当时的辉煌都随着战火和天灾付之一炬，虽豪华的陈设和恢弘的殿堂至今早已无处可寻，但借助史料记载和文学作品同样能够想象到当时的境况。

两汉时期，是我国封建社会进入第一个鼎盛的时期。当时人们的起居方式仍然是席地而坐，室内的家具陈设基本延续了春秋战国时期的席、床、榻、几、案的组合格局，漆木家具完全取代了青铜器而占据主导地位。尤其是丝绸之路的开通，沟通了中国与西亚、欧洲和非洲各国的文化、经济交流，使得整个汉朝家具工艺有了长足的发展。

黑漆朱绘鸟足漆案

战国　长138.6厘米　高44.7厘米　宽53.7厘米　湖北省博物馆藏

全器由面板、腿(立柱)和托子组成。面板长方形，由一整块木板凿成，案面基本平齐，背面两头安托板各一条。托板上凿有三个方形榫眼，两边安足，当中安立柱，其下安托泥，案足雕成鸟形，立柱上段作四方细腰形，下段作八棱形，上粗下细。案面四周和正中浮雕由兽面纹组成的边框，将案面分隔成两个长方形平面，框内各阴刻一组以“S”纹组成的圈带纹。面板的侧沿托泥上部及两侧也阴刻云纹。通体髹黑漆，阴刻纹饰内填以朱彩。技法精细，庄重典雅。

汉代漆木家具光亮照人，精美绝伦。此外，还有各种玉制家具、竹质家具和陶质家具等，形成了供席地起居的组合完整的家具系列形式，可视为中国低矮型家具的代表时期。这一时期，一种供坐卧的家具——榻，已经被广泛使用。家具的品种增多，出现了活动几、多层几、卷耳几。几在汉代是等级制度的象征，皇帝用玉几，公侯用木几或竹几，几置于床前，在生活起居中起着重要作用。案的作用相当大，上至天子，下至百姓，都用案作为饮食用桌，也用来放置竹简，伏案写作。

汉代的室内生活是以床、榻为中心的，床的功能不仅供睡眠，用餐、交谈等活动也都在床上进行，日常生活中的各种活动如宴饮、待客、游戏、读书，乃至朝会、办公都在床上进行。

汉朝人许慎在《说文解字》中称床为“安身之几坐也”，明确说是座具。还有一种称为“匡床”，又叫“独坐座”，显而易见是单人的座具。汉代刘熙《释名·床篇》云：“人所坐卧曰床，装也，所以自装载也。”当时的床包括两个含义，既是坐具，又是卧具。西汉后期，又出现了“榻”这个名称，是专指坐具的。河北望都汉墓壁画、山东嘉祥武梁祠画像石和陕西绥德汉墓石刻中，皆有坐榻的图像。《释名》说：“长狭而卑者曰榻，言其榻然近地也。小者独坐，主人无二，独所坐也。”《通俗文》说：“三尺五曰榻，独坐曰枰，八尺曰床。”《后汉书》中记东郡太守“冬日坐羊皮，夏日坐一榆木板，蔬食出界买盐鼓食之”。床与榻在功能和形式上有所不同，床略高于榻，宽于榻，可坐可卧；榻则低于床，窄于床，有独坐

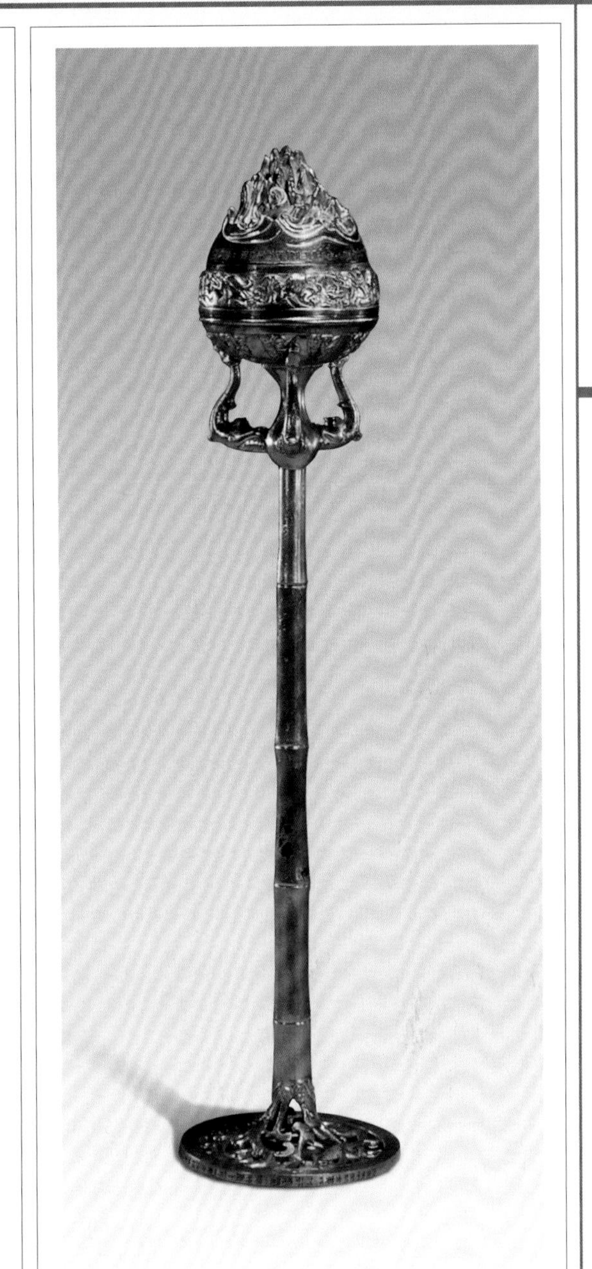

竹节熏炉

西汉　通高58厘米　口径9厘米　底径13.3厘米　1981年陕西兴平豆马村出土　茂陵博物馆藏

云气纹漆屏风

西汉　通高60.3厘米　湖南长沙市马王堆3号汉墓出土　湖南省博物馆藏

木雕兽莽座屏

战国　通高52.4厘米　1992年湖北老河口安岗1号墓出土　湖北省老河口市博物馆藏

和两人坐等，秦汉时期仅供坐用，后演化变成可坐可躺。

大量的汉代画像砖、画像石也都体现了这样的场景。如河北望都汉墓壁画中的“主记史”和“主簿”各坐一榻，两榻形制、尺寸基本接近，腿间有弧形券口牙板曲线，榻面铺有席垫。另外，在江苏徐州洪楼村和茅村的汉墓画像石上，有一人独坐于榻上，而徐州十里铺东汉墓画像石中，也有一人端坐榻上的刻画。河南郸城出土的汉榻为长方形，四腿，长0.875米，宽0.72米，高0.19米，腿足截断面是矩尺形，腿间也有弧形曲线，榻面上刻有隶书“汉故博士常山大（太）傅王君坐榻”。设置于床上的帐幔也有重要作用，《释名·释床帐》载：“帐，张也，张旋于床上。”夏日避蚊虫，冬日御风寒，同时起到美化的作用，也是显示身份、财富的标志。

还有橱和柜，均有别于传统的箱笥，多为贮藏较贵重的物品。

随着对西域各国的频繁交流，打破了各国间相对隔绝的状态，胡床就在此时传入我国。这是一种形如马扎的坐具，以后被发展成可折叠马扎、交椅等，更为重要的是为后来人们的“垂足而坐”奠定了基础。

魏晋南北朝是中国封建社会历史上大动荡、大分裂持续最久的时期。这时出身世家的文人阶层开始厌倦动荡不安的生活方式，但又苦于无法改变这种生活方式，于是谈玄之风盛行。佛教以其“一切皆苦”、“诸行无常”的基本教义迎合了当时的社会心理，并迅速地传播开来，对社会生活的各个方面产生了广泛的影响。出现了新的起居习惯，使席地而坐不再是唯一的起居方式，为隋唐五代垂足起居方式与席地而坐起居方式的等肩并存奠定了基础。

这一时期人们仍习惯于席地而坐，因

此家具也多为低矮型。尽管也有凳、桌出现，但不是主流。魏晋延续了秦汉时期以床榻为起居中心的方式，屏风与床相结合而形成带屏床，也是这个时期的新形式。床榻的新形式不断出现，其中三扇屏风榻和四扇屏风榻极受贵族人家的宠爱。此时期床榻的高度明显增加，床体较大，在《女史箴图》、北齐《校书图》中得以印

黑漆朱绘回旋纹几

战国　长60.6厘米　宽21.3厘米　高51.3厘米 湖北省博物馆藏

由三块木板榫接而成。竖立的两块木板，上端向内侧圆卷，下端平齐，中部偏上向内凸出，在凸出的部位凿有榫槽，槽中还有一榫眼。面板两端有榫头，插入立板的榫槽和榫眼内。遍髹黑漆，面板和立板的侧面朱绘云纹；立板外壁朱绘回旋纹；面板边缘及当中绘朱纹带。

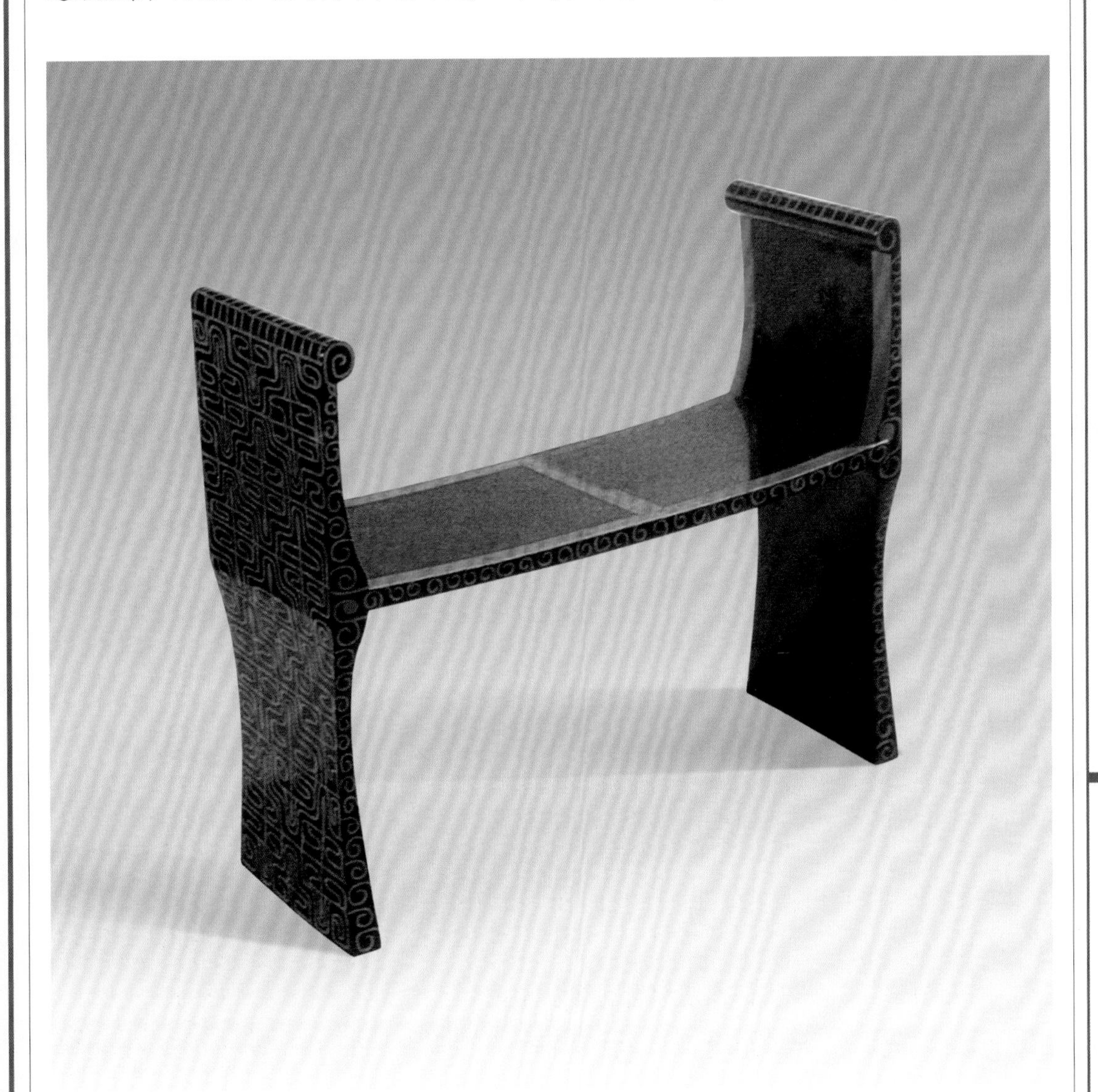

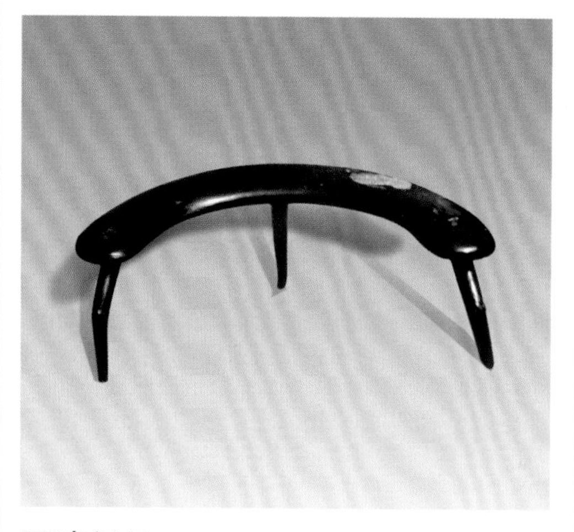

黑漆凭几

三国　吴　弦长69.5厘米　宽21.9厘米　高26厘米　安徽省马鞍山市博物馆藏

木胎。扁平圆弧形几面，下有三个蹄形足，通体髹黑漆，色浑光亮。

证。东晋画家顾恺之在《女史箴图》中所画的床，其高度已与今日相差无几，床的下部以门作装饰，人们既可卧于床上，又可垂足坐于床沿。在顾恺之的另一《洛神赋》卷中，床上还出现了倚靠用的长几、隐囊和半圆形凭几。榻在这个时期有了新的发展。在北齐《校书图》中，出现了一座门式巨榻，榻上坐4人，还放有笔、砚和投壶，使人会文之余，还可游戏娱乐。

魏晋南北朝时期，上承两汉，下启隋唐，是我国古典家具发展史上的一个重要过渡时期。这个时期由于“胡汉杂居”局面的出现，胡床等高型家具从少数民族地区传入，并与中原家具融合，使得部分地区出现了渐高家具。椅、凳等家具开始渐露头角，卧类家具亦渐渐变高，高型坐具陆续出现，如睡眠的床在逐渐增高，上有床顶和蚊帐，可垂足坐于床沿，垂足而坐开始流行。但从总体上来说，低矮家具仍占主导地位。

（二）高足家具的兴起

经历了漫长的发展过程，以垂足而坐为特征的高足家具在多种文化不断融合

六尊者像册

唐　卢楞伽　故宫博物院藏

宫乐图

唐　周昉　台北“故宫博物院”藏

的背景下，在经济和社会生活迅速发展的基础上，自上而下逐渐改变了人们的起居习俗。这一时期，虽席地而坐仍然是很多人的日常习惯，但高的桌、椅、凳等已被人所使用，两种坐姿形式并行。南北朝以后，高型家具渐多。

唐代初期就出现了蓬勃进取的精神风貌，长时间的战乱和流离失所在江山统一后结束，人们的生活热情得以爆发。“贞观之治”带来了社会的稳定和文化上的空前繁荣。唐代的家具在这样的社会背景下，显现出它的浑厚、丰满、宽大、稳重之特点，体重和气势都比较博大，但在工艺技术和品种上都缺少变化。豪门贵族们所使用的家具比较丰富，尤其在装饰上更加华丽，唐画中多有写实体现。这一时期的家具出现复杂的雕花，并以大漆彩绘，画以花卉图案。

唐代是中国封建社会的鼎盛时期，经济、文化高度发达。统治阶层大兴土木，兴建了一座座宏伟的宫殿、寺院、皇家园林、地主庄园等。同时，开放的社会环境吸引了大量的外来文化，许多外族人和佛教僧侣在长安、洛阳等地长期定居下来，他们的生活习俗对汉文化起着潜移默化的影响，尤其是在当时上层社会求新求异心理的驱使下，“穿胡服”、“坐胡床”、“习胡乐”已成为人们追求的时

内人双陆图

唐 周昉 台北"故宫博物院"藏

尚。以垂足而坐为特点的"胡式"起居方式便率先在宫廷、都市中流行开来，并很快向周围地区扩散。传统家具与外来家具相互渗透，开放的社会机制为家具的优化发展提供了十分有利的条件。而当时的风俗时尚、宗教观念和文化背景等，则成为影响家具发展的主要因素。家具出现了新局面。人们的生活方式发生变革，人们开始坐高，双足悬起，高型家具日趋流行，席地坐与垂足坐两种方式交替消长。中国垂足家具逐渐兴起。此期的家具制作也在继承和吸引过去和外来文化艺术营养的基础上，进入到一个新的历史阶段。这个时期新式高足家具迅速发展，以"桌椅凳"为代表的高足家具逐渐取代了以"席地起居"为特点的低矮家具。桌子增多，椅子出现，柜已是居家必备用具。唐代是高型椅桌的起始年代，椅子和凳子开始成为人们的主要坐具。唐代的椅子种类繁多，除扶手椅、圈椅、宝座外，又有不同材质的竹椅、漆木椅、树根椅、锦椅等。比如逍遥椅，从三国的胡床上设靠背演变而来，逐渐出现在世俗的社会里，不再为僧侣所独有。鼓形坐墩，这一在魏晋南北朝出现的菩萨坐具，到了唐代更为精美和流行，而且形式明显增多。

从唐代敦煌壁画上除了可以看到鼓墩、莲花座、藤编墩等，还可以见到形制较为简单的板足案、曲足案、翘头案等。文人士大夫们多追求素雅洁净，所以这一时期的立屏、围屏多素面无饰。床榻类无多变化，因袭上代形制，以箱式床、架屏床、平台床、独立榻为主。

唐代的床造型雍容华贵，又不失清新活跃，具有鲜明特色。在结构上，壸门结构开始盛行，遒劲古朴，曲直相济，不仅增加了装饰美，还特别强调了家具的刚度和防潮性能，因此壸门结构成为唐代家具的重要特征。盛行于唐、五代的高型床榻，吸取了传统建筑中大木梁架的造型和结构，梁架柱多用圆材，直落柱础。下舒上敛，向内倾仄。柱顶安榻头，以横材额枋、雀替等连接，成为无束腰家具。另一种是吸取建筑中的壸门形式和须弥座等外来形式，如唐敦煌壁画的壸门床、壸门榻，云岗北魏浮雕塔基和晚于唐的王建墓棺床都是须弥座，皆束腰。而且须弥座束腰部分与壸门床榻四侧旁板一样，平列壸门。唐后床榻装饰趋简，壸门也由每侧面平列二或四个壸门简化为一个壸门。

晚唐到五代时期，士大夫和名门望族们以追求豪华奢侈的生活为时尚，高足家具已普遍为汉民族所接受，而且在家具制作上与传统工艺有机地结合起来，逐渐形成了自身特色。这时的家具已有直背靠背椅、条案、屏风、床、榻、墩等家具。这个时期家具是高低家具共存，并向高型家具普及的一个特定过渡时期。家具功能的区别日见明显，一改大唐家具圆润富丽的风格而趋于简朴。椅、凳、桌等高型家具逐渐成熟，屏风由小座屏变得形体高大，家具装饰陈设由不定式格局变为相当稳定的陈设格局。这样，以桌、椅、凳为代表的新型家具渐渐取代了床榻的中心地位，

韩熙载夜宴图（局部）

五代　顾闳中　故宫博物院藏

席地起居的生活方式逐步过渡为垂足起居的生活方式，从而完成了中国家具史上的一次重大变革。

经过唐至五代时期的家具变革之后，形形色色的新型家具不断涌现，高足家具在宋代已经成为家具发展的主流。这时的家具，功能更加齐全，品种更为丰富，传统的矮足案、几和地面坐席等已经逐渐被淘汰；造型新颖的高桌、高案、靠背椅、交椅、凳、墩和与之相应的高足花几、茶几、盆架、书架、衣架以及橱、榻等已成为室内陈设的重要组成部分；传统的床、榻、箱、柜和屏风类也趋于高大，居住环境更为开阔，起居方式和日常生活均发生了很大改观。家具种类有床、榻、桌、案、凳、箱、柜、衣架、巾架、盆架等。还出现了专用家具，如琴桌、棋桌等。其家具开始仿效建筑梁柱木架的构造方法，并重视木质材料和造型功能。此外，还注重椅桌成套配置与日常起居相适应。这时的家具形式也多种多样，仅桌子就有正方、长方、长条、圆桌、半圆桌，还有炕桌、炕案；凳子有方、长方等形式；椅子有靠背椅、扶手椅、圈椅、交椅等。

（三）高足家具的发展

尽管唐至五代家具产生了由上而下的变革，为我国家具的完美发展打下了基础，但事实上，垂足家具直至宋代才逐渐

重屏会棋图

五代 周文矩　故宫博物院藏

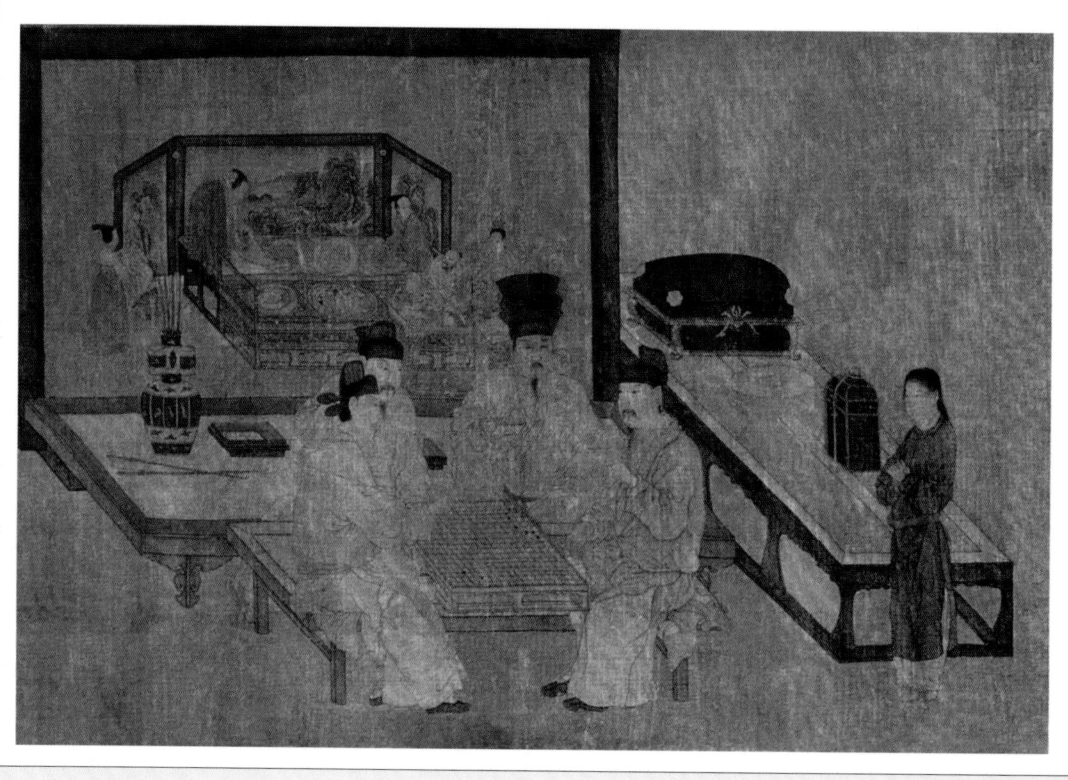

定型，才完全取代席地家具，制作工艺也基本成熟。

从10世纪中晚期开始，宋王朝经济高速发展，城市繁荣富有。城镇生活的繁荣使高档宅院、园林大量兴建，打造家具以布置房间成为必然，这给家具业的蓬勃发展提供了良好的社会环境。

宋代是中国家具史中空前发展的时期，也是家具空前普及的时期。处在上层的统治阶级，人们往往不惜工本制作高级家具。如河北巨鹿出土的宋代桌子和椅子，就是较为完美的代表作品，体现出宋代家具艺术的发展水平。在宋代，垂足而坐的高型家具在民间已广为普及，高座家具的使用已相当普遍，高案、高桌、高几也相应出现，成为人们起居作息用家具的主要形式。至此，我国起居生活的历史也由垂足而坐的变革，使其成为人们生活起居的固定模式。

宋代的床榻丧失了作为坐具的功能，成为只用于卧息睡眠的专用家具。床的形式以有栏围者居多，即床的两侧和背后设有床栏或床围，床上一般架设床帐，形成封闭式的专用卧具。宋代床、榻形象在绘画和出土实物中均有发现。如山西汾阳金墓彩绘壁画中的卧床，不仅单处一室，且在其两侧各置一扇固定的隔扇门。隔扇与门板面心皆雕饰如意、菱花等纹样，床上设有床帐，床后靠墙处设有床围，床座外侧为封闭式挡板，体现出家具组合装置的人文与科学及装饰工艺的精巧与完美。

宋代榻的形制也较丰富多样。榻的功能仍是坐、卧兼用，在当时多为社会上层

蕉荫击球图

北宋 佚名

家庭或文人雅士备之，造型上以仿古坐榻较多见，榻上常放凭几、靠背和小座屏。因床、榻在唐代以后就已形成比较高的特点，故宋代时期的床、榻前多设有“承足”。《捣衣图》中的壸门榻，《听阮图》中的托泥榻，《高僧观棋图》中榻的形式；在《槐荫消夏图》中生动地描绘了一位老者，有躺卧在槐荫下的榻上乘凉消暑的情景，图中可见壸门带托泥式，榻面四角为45度格角榫连接。造型制作十分精美，尺度宜人，显示了宋代床榻生产的较高水平，宋代通常在榻上髹漆，但装饰与髹漆规定严格，士庶僧道不得以朱漆饰床榻。床、榻的足座则以壸门式最流行。

五代时期的家具受到梁木构架的影响，渐渐脱离了唐代的壸门结构，到了宋代框架结构已基本成熟，这也成为宋代家具清秀造型的一个基础。

椅、凳、墩的流行是两宋家具的突出特点之一。它们以桌子为中心构成了中国

封建社会后期家具组合的新格局。宋代的椅子已经相当完善，后腿直接升上，搭脑出头收拢，整块的靠背板支撑人体向后依靠的力量。圈椅形制完善，有圆靠背，以适应人体曲线。胡床改进后形成交椅。几类发展出高几、矮几、固定几、直腿几、卷曲腿几等各种形式。宋代家具在制作上也有不少变化。其一反唐代浑圆与厚重，变圆形体为矩形体，继承和发展了五代的简洁秀气，样式变化不大，大多无围子，

剔红龙纹图长方案

元　长70.2厘米　宽35.8厘米　高58厘米　甘肃省漳县文化馆藏

长方形，圆柱腿，前后装牙板和牙头，两侧腿间装双枨。案面雕双龙纹，以牡丹花叶为衬，四腿及牙板牙头双枨布满剔红花卉纹。有纪年可考。

所以又有“四面床”的称呼。宋代家具开始使用束腰、马蹄、蚂蚱腿、云兴足、莲花托等各种装饰形式；同时使用了牙板、罗锅枨、矮佬、霸王枨、托泥、茶钟脚、收分等各式结构部件。在传统木作工艺的基础上，大量地采用榫卯结构，不断地改进家具造型，使新兴的高足家具在舒适、合理，满足各种起居方式的基础上，进一步向美、雅、精的方向发展。从而为后来明清家具的繁荣奠定了基础。

宋代还发明了燕几。燕几是一种常用以宴会的“组合家具”。据宋·黄伯思《燕几图·序》：“燕几图者，图几之制也。……纵横离合，变态无穷，率视夫宾朋多寡、杯盘丰约，以为广狭之则。”燕几由七件组成，大小不一，但均有一定的比例规格。其使用可以随意组合，既可拼在一起使用，也可单独使用，大小可长可短，十分符合官宦大家花园府邸等上层社会使用的要求。

辽、金时期，高座家具系统建立并完善起来，在总体风格上呈现挺拔、秀丽的特点。家具品种愈加丰富，式样愈加美观。比如桌类就可分为方桌、条桌、琴桌、饭桌、酒桌以及折叠桌，按用途愈分愈细。这一时期的床榻在式样上更加美观，装饰上承袭五代风格，趋于朴素、雅致，不作大面积的雕镂装饰，只取局部点缀以求画龙点睛的效果。

相对而言，元代立国时间较短，统治者采用的政策是汉制，所以，不仅在政治、经济体制上沿袭宋、辽、金各代，家具方面亦秉承宋制，工艺技术和造型设计上都没有大的改变。但值得一提的是这一时期出现了抽屉桌，抽屉作为储物之匣方便开取，是一大发明，它更大程度地增强了家具的使用效果。元代的家具制作技术也取得了明显成就，尤其是家具髹漆、雕花、填嵌和雕漆工艺得到了长足发展，为明清家具走向辉煌奠定了基础。所以，没有宋代家具的繁荣和发展，就不会出现完美、精湛的明式家具。

二、明清家具

经过宋元两代400多年的发展，我国古代家具在明清两代达到了鼎盛时期。

尽管明中期将都城移至北京，但地处江南的南宋遗都杭州和明初都城南京却为江南地区积淀了丰厚的人文环境基础，城市规模较大，大量富商、文豪仍有留居，加之富庶的自然资源和便利的交通条件，都为江南的经济、文化、商业的发展提供了强劲的动力。自明中移都北京后，明南京虽降为留都，但在全国的政治、经济生活中仍享有特殊的地位。南京逐渐由政治中心向商业化中心城市转，时南京“北跨中原，瓜连数省，五方辐辏，万国灌输。三服之官，内给尚方，衣履天下，南北商贾争赴”，故有“财赋出于东南，而金陵为其会”之说。明中后期，伴随着江南地区商品经济的发展，南京城市商业日趋繁荣，并渐至鼎盛状态。

商业的发达使数量众多的手工业艺人增多，手工艺技术较前代大大提高，并且出现了专业的家具设计制造的行业组织。在明代文人参与和设计下，洋溢着明代文人清秀简致风骨的明代家具，就在这样浓郁的商业氛围中以独特的面貌出现。中国家具经过不断地变化、演进和发展，到了明代，进入了完备、成熟期，形成了独特的风格，被称“明式家具”。

明式家具的品种式样丰富多彩。

据明代木器家具专著《鲁班经匠家镜》一书之“家具”部分所载，明代家具类别可分为椅凳类、桌案类、床榻类、橱柜类、台架类、屏座类等。每一类中又有不同形式。如床榻类中有大床、禅床、凉床、藤床等；桌案类有一字桌、案桌、折桌、圆桌、琴桌、棋桌、方桌等。其他如选材，榫卯结构，家具尺寸，装饰花纹及线脚等都作了详尽的规定和记述。此书为明代北京提督工部御匠司司正午荣汇编，是对明代建筑的营造法式和家具制造的经验总结，它的问世，对明代家具的形成和发展起了重大的推动作用。除此之外，文震享的《长物志》也对各类家具一一作了具体的分析和研究，对家具的用材、制作、式样分别给予优劣雅俗的评价。而高濂的《遵生八笺》还把家具制作和养生学结合起来，提出独到的见解。这些著述都为明代家具的设计和制作生产工艺的提高起到了客观上的指导意义，也为明代家具的推广产生了积极的作用。此后，随着社会经济、文化的发展，中国传统家具在工艺、造型、结构、装饰等方面日臻成熟，使明代家具大放异彩，进入一个辉煌时期，并在世界家具史上占有重要地位。

至清代，康熙之初，虽时代亦产生变化，但清代初期家具尚创新不多，仍保持着明代家具的样式。但自清代中叶乾隆时期以后，清式家具的风格渐趋明朗起来，出现了工艺精湛复杂、纹饰繁缛细密、整体上辉煌壮观的特点，并最终确立了清代“繁缛多致，坚固鼎立，富丽堂皇”的家具风格特征。其造型较明式家具要宽大、厚重，造型端庄肃穆，气势浑厚，注重雕饰而自成一格。

清代家具的样式也十分丰富，例如此期新兴的太师椅就有多种式样，其靠背、扶手、束腰、牙条等新形式，更是层出不穷。装饰上求多、求满，常运用描金、彩绘等手法，显出光华富丽、金碧辉煌的效果。清代家具以雍、乾为鼎盛时期，这一时期的家具品种多，式样广，工艺水平高，最富有“清式”风格。在装饰上，这一时期力求华丽，并注意与其他各种工艺品相结合，使用了金、银、玉石、珊瑚、象牙、珐琅器、百宝镶嵌等不同质材，追求金碧璀璨、富丽堂皇。遗憾的是，这一时期的家具，有的由于过分追求奢侈，显得烦琐累赘。

总之，明清家具是中国古代家具真正走向艺术顶峰的时期。优良的材质，纯熟的工艺，这些都是明以前的家具所无法比拟的。

第二章

明清家具的分类

一、以功能的不同分类

经过唐宋时期的变革，明清家具在种类和功能上均取得了很大发展，家具的称谓也有所改变。按家具造型和使用功能的不同，明清家具可分为桌案类、椅凳类、床榻类、橱柜类、架几类和镜架、箱盒、笔筒等杂项类。除此之外，有人还将悬挂于室内的匾和楹联也归入家具范畴之内。

（一）桌案类

桌案在中国家具中占有很重要的地位，不但品种多，形式各异，而且对人们生活习惯的改变产生过相当深刻的影响。主要包括书桌画案、方桌酒桌等高足家具

黄花梨方台

明 长93厘米 宽93厘米 高85厘米

和炕桌、炕几、炕案等一些矮足家具。

1.桌类

桌子的发展历史久远，在敦煌的多处唐代壁画中都有桌子的形象。在各代传世的名画中也能看到形状各异、结构不同、装饰有别的桌子。山西省文水北峪口元墓壁画中，桌子不但有抽屉，并装有拉环，这些都说明了桌子在形式上渐有变化，在使用功能上也逐渐向成熟的方向发展。明清的桌子品种很多，装饰美观，随着制作经验的丰富和工艺水平的提高，结构也更成熟。基本可分为有束腰和没有束腰两类，按形状可分为方形、圆形、长方形和一些特殊形状的桌子，按使用功能可分为酒桌、炕桌、书桌、画桌、琴桌等。

(1) 方桌

方桌是使用最广泛的家具，传世遗存较多。桌面作方形，单边可坐二人，每张桌可供八人就座，古称“八仙桌”。是方桌中最大的一种。尺寸略小些的叫“六仙桌”、“四仙桌”。方桌的基本造型，可分为无束腰方桌和有束腰方桌两种。在此两种基本造型的基础上，做出不同的处理。例如，腿部有方腿、圆腿，还有仿竹节腿；枨子有罗锅枨、直枨和霸王枨；脚部有直脚、勾脚；枨上装饰有矮佬、卡子花、牙子、绦环板等等，不一而论。方桌的式样是十分丰富的。

(2) 条桌

是桌面呈长方形的一种桌子。其造型的共同特点是：四腿与桌面基本上成直线，腿子不向里缩，这是桌子区别于案的主要特点。有无束腰和有束腰两种。条桌

黄花梨镶瘿木小平头案

明 长66厘米 宽39.5厘米 高72厘米

黄花梨拐子龙画桌

清 长175.5厘米 宽49厘米 高88厘米

的用途非常广泛，可以就餐，也可以置放器物，也可以下棋、弹琴、读书、作画。按其形状和用途的不同可分为棋桌、月牙桌等。

(3) 书桌、画桌

是一种长方形桌子，体形宽大。即便

略有较小者的，其形体也大于半桌。其结构、造型，往往与条桌相同，只是在宽度上要增加不少，人们一般认为只要长桌的长、宽之比在2：1以上者称为条桌，反之则为长方桌。书桌、画桌都是长方桌。为

黄花梨罗锅枨半桌

明 长92厘米 宽56厘米 高83厘米

红木炕桌

清 长94.5厘米 宽38厘米 高28厘米

了便于站起来绘画，画桌都不设抽屉，书桌则有抽屉。

（4）酒桌

这是一种形制较小的长方形桌。其造型远承五代、北宋，因常用于酒宴而得名。酒桌在造型上与方桌差别不大，但在其桌面边缘多有一道阳线，名“拦水线”，起宴席之间防止酒水倾倒而污损衣衫的作用。

（5）炕桌

是放在炕上、床上、榻上使用的一种低矮的长方形桌。是人们坐在炕上从事各种活动使用的矮桌。在我国北方地区使用非常普遍。这是因为北方地理和气候等原因，使人们形成了无论是吃饭、喝茶、读书、写字，甚至冬日待客等，都在炕上进行的生活习俗，故名。又因炕桌具有体积小、重量轻、易于搬动的优点，南方已有少量使用，多用于各种形体较大的榻或者床上。

（6）半桌

因其约相当于半张八仙桌的大小，故名。又因其为一半大小，故在每当一张八仙桌不够用时，可用它拼接使用，所以在民间又俗称其“接桌”。“半桌”之名，见嘉庆间纂修的《工部则例》。半桌的特点是体积较小而易于搬动，结构合理而坚固耐用，既可单独使用，也可以拼成方桌一起使用，所以在我国古代民间十分流行。

（7）圆桌

桌面为圆形，束腰，常设三弯六腿。体形较小者或设四条直腿。腿足间设有托泥。

红木雕卷草纹方桌

清 长76厘米 宽76厘米 高85厘米

（8）月牙桌

即半圆桌，桌面为圆桌的一半。桌面之下，有的有束腰，有的无束腰。月牙桌有直腿、三弯腿、蚂蚱腿等不同形式，腿下有马蹄足或带有托泥。

2.案类

案是一种形似桌子的家具，只是腿足的制作位置不同，通常把四腿在四角的称为“桌”，而把四腿缩进一些的称“案”。案和桌在使用功能上有着极为密切的联系。《事物纪原》卷八曾说：“案，有虞三代有俎而无案，战国始有其称，燕太子丹与荆轲等案而食是也，案，盖俎之遗也。”

铁梨木独板翘头案

清中期 长190厘米 宽49厘米 高95.5厘米

案的种类很多，按其不同的用途可分为书案、画案、食案、奏案、香案等；按其造型又可分为条案、平头案、翘头案等；以制作材料又可分为陶案、铜案、漆案、木案等。

（1）平头案

平头案的式样也是丰富多彩的。其特征就是案面平直，两端无饰。在榫卯结构、装饰以及局部处理上，可以说千变万化、千姿百态。

（2）翘头案

其主要特征就是案面两端向上翘起，明代称为“飞角”。翘头案多用挡板加以美化。

（3）炕案

炕案除结构和造型有别于炕桌外，长和宽的差距也较大，常用其读书、写字；炕案由于较窄，通常放在炕或床的两侧。

（4）条案

鸡翅木画案

明 长178厘米 宽71厘米 高83厘米

案面两端平齐的叫“平头案”，两端高起的叫“翘头案”。它们的结构不是用夹头榫，就是用插肩榫，否则便是变体。

（5）书案、画案

其结构、造型，同于条案，只是在宽度上要增加一些。

3.其他桌案

其中有些桌和案一般不好区分，尤其是条案和条桌，一般来讲条案的形制略大，较条桌略宽。除以上桌案外，还有我们不多见的棋桌、三屜桌、半桌等。

（二）椅凳类

均为坐具，总体包括椅和凳两大类。也包括杌凳、坐墩、交杌、长凳、椅、宝座等结构造型不同的坐具。

1.椅类

椅是有靠背坐具的总称。其式样和大小，差别较大。最早的椅子出现于西魏壁画，当时椅子虽然也有靠背和扶手，但还是比较低矮。至唐代，在高元圭墓壁画中，椅子高度明显增加，与后来的椅子高度相差无几。唐代椅子的椅腿都是上细下粗，雄壮有力，显示出浑厚庄重的风格。五代的椅子由唐代的粗壮变为清秀，椅腿上下粗细一致，清秀挺拔。五代以后大都承续了这一风格。明清时期，椅子的形式大体分为靠背椅、扶手椅、圈椅、交椅和宝座等。椅子在结构上又可分为有束腰和无束腰两种形式。

(1) 靠背椅

凡没有扶手的椅子都称靠背椅。其造型基本特点是有靠背无扶手，靠背由一根搭脑和左右两侧两根连脚立材相接，靠背居中为靠背板，靠背上的搭脑（即靠背横梁）左右不出头。

靠背倚有“一统碑式椅”、“灯挂椅”和“梳背椅”等不同形式。一统碑椅因其靠背像一座直立的碑碣而得名，其背板上的搭脑两端不出头，有的还制成圆滑的圆角。灯挂椅则是背板上的搭脑两端长于左右两侧直立的立柱，有的还微向上翘，犹如挑灯的灯竿，故名。梳背椅则是以搭脑不出头且以直棂作靠背的、一种形似梳篦的靠背椅。尽管从造型上看，一统碑式的靠背椅具有较为明显的特点，但人们仍习惯称其为靠背椅。在南方民间，则多称之为“单靠”。

明清时期，靠背椅在用材和装饰上，硬木、杂木、彩漆描金、填漆描金、各色素漆和攒竹等做法皆有，特点是轻巧灵活、使用方便。

(2) 扶手椅

扶手椅指除宝座、交椅、圈椅之外，但凡设有靠背，又带两侧扶手的椅子的统称。常见样式有官帽椅、玫瑰椅和太师椅。

官帽椅

因造型类似古代官员的帽子而得名。

榉木灯挂椅成对

清早期　长50.1厘米　宽39.4厘米　高110.3厘米

榉木官帽椅成对

清　长52.3厘米　宽41.1厘米　高92.1厘米

以其造型差异又可分为南官帽椅和四出头式官帽椅两种。

南官帽椅是椅背立柱和搭脑相接处由立柱做榫头，横梁做榫窝，横梁压在立柱上，最大的特点为折角处是流畅的软圆角。再者，其椅背及扶手变化较多，“S”形椅背多采用边框镶板做法，中分数格，或镂雕一透孔如意云头，或浮雕一组简单图案。其用材可方可圆，可曲可直，装饰手法也较多。总的来说，南官帽椅在造型上较四出头官帽椅显得较为灵秀。

四出头式官帽椅的特点非常明显，即椅背搭脑和扶手的前端均探出少许，状似“出头”而得名，且“出头”部位也均磨

榆木四出头官帽椅成对

清 长55.5厘米 宽42厘米 高105厘米

成浑圆，触之柔润圆滑。四出头式官帽椅的背板多为“S”形，且多用一块整板制成，其搭脑和扶手也均处理成流畅弯曲的造型，显得轻松而柔美，使整个造型显得朴素大方。明清两代的官帽椅造型上略有不同，主要表现在搭脑、靠背及扶手的区别上。清代官帽椅的搭脑多用罗锅枨形或花形，靠背、扶手大多有花饰，而明代则多简洁朴素。

玫瑰椅

玫瑰椅是一种造型别致的椅子。其最大的特点是椅背较为低矮，通常情况下略高出扶手或者两者高度相差无几。其靠背无侧脚，直立于座面。靠背上大都有装饰，或用券口牙子，或用雕花板。在座面之上，大都设横枨，横枨中间或取矮佬支撑，或取卡子花支撑，起到了打破低矮靠背的沉闷感的作用。扶手、靠背与腿子，圆棍形居多。

玫瑰椅多用花梨木或鸡翅木制作，利用花梨木独具的色彩、纹理和椅子本身别致的造型，更令人赏心悦目。

玫瑰椅在宋代名画中曾有描绘，在明代已常见，延至清代仍多有使用。但明清时期又有不同，一般来说，明代玫瑰椅多为圆腿，方腿的玫瑰椅多为清代作品。

太师椅

太师椅是椅类中唯一用官职命名的椅子，它最早使用于宋代，最初的形式是一种类似于交椅的椅具。至清代，太师椅与宋史所载已相差甚远，已成为一种扶手椅的专称。其特点表现为体形硕大、做工繁复，并涵盖了设于厅堂的扶手椅、屏背

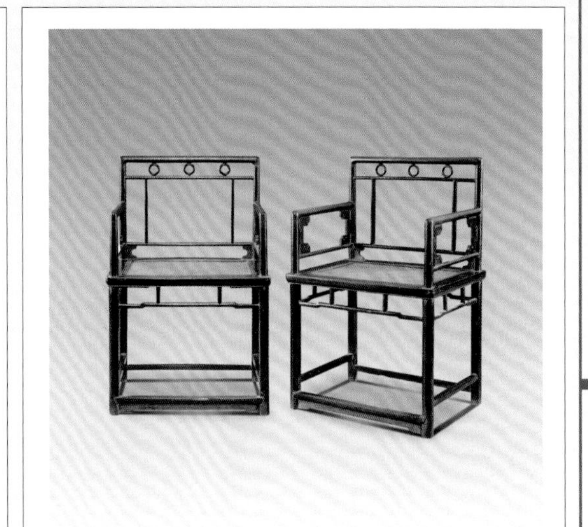

鸡翅木直棂玫瑰椅成对

清 长56厘米 宽44.5厘米 高85厘米

红木嵌大理石灵芝纹太师椅（一对）

清中期 长72.5厘米 宽52.5厘米 高115厘米

椅等，统称为太师椅。清代太师椅以乾隆时期作品为精，多采用紫檀、花梨与红木等高级木材打制，还有镶瓷、镶石、镶珐琅等工艺。其最大的共同点是靠背板、扶

鸡翅木圈椅

明 长59.5厘米 宽45厘米 高98厘米

手与椅面成直角，椅背以屏风式为基本样式，用料厚重，装饰繁缛，造型庄重严谨，以突显主人的地位和身份。

（3）圈椅

圈椅因靠背和扶手作为一个整体呈圆圈状一顺而下而得名。圈椅由交椅发展而来。所不同的是圈椅亦非似交椅交叉腿足，而以四足支撑，以木板做面承重，座面以下部分和平常椅子并无太大区别。

据考证中国五代时期就有圈椅，那时的圈椅和明朝风行的圈椅是有区别的，到宋代出现了天圆地方的圈椅，元朝圈椅所见不多，到明朝圈椅渐成风尚。因圈椅上圆下方的结构暗合中国古典哲学中的“天圆地方”，所以很多人也认为圈椅是明式家具中最具有文化品位的坐具。

又因圈椅座面以上部分约呈圆圈，座面中心较为宽裕，加之后背与扶手一顺而下，“S”形曲线背板亦极符合人体脊椎的曲线，就座时使得人体后背、臂膀及手臂均可得到支撑，感觉十分舒适，故而圈椅也颇受人们喜爱。因为造型圆婉柔和，早期的圈椅大多光素，唯有装饰的部位只在背板正中浮雕一组简单的纹饰，且很浅。明中后期，有的椅圈在尽头扶手处的云头外透雕一组花纹，既美化了家具，又起到格外加固的作用。

（4）交椅

交椅是一种前后两腿以交叉为基本结构的坐具，也因两腿交叉而得名。最早称为“胡床”，原系古代牧马民族的用具。

最早的交椅有垂直靠背和圆圈形靠背两种，至明代，直背交椅比较少见，只留下圆圈形靠背交椅一种了。圆圈形靠背交椅的椅圈，一般由三节或五节榫接，形成一条流畅自如的整个椅圈。其腿足以交结点为中心轴，中心穿过金属件固定，可以折合。座面是以两个上横梁交叉穿绳形成。圆弧形靠背设置在其中的一个横梁之上，整个造型线条纤巧活泼，既可以折叠，方便携带和存放，又不失其稳重。宋、元、明乃至清代，皇室贵族或官绅大户外出巡游、狩猎，都带着这种椅子，以便于主人可随时随地坐下来休息，这也是交椅同时又被称为“行椅”和“猎椅”的由来。入清以后，交椅在实际生活中渐少使用，制者日稀。清明制实物，传世不多。

（5）宝座

宝座又称宝椅，是一种体形较大的椅子。其座面以下多采用床榻做法，束腰，下承鼓腿膨牙，座面以上的变化较多，有圈椅式、围屏式等，其围屏又有三屏式和五屏式，分设两个侧面和靠背，屏心多以

柞木直靠背交椅

清早期　长46厘米　宽36.2厘米　高97.5厘米

黄花梨雕云龙纹宝座

清　长98厘米　宽56厘米　高105厘米

雕刻、镶嵌、髹饰等手法进行装饰，纹饰尤以龙凤为多，纹饰繁复，制作精美。通常情况下，宝座还会另配有脚踏。

制作宝座的材料多系名贵硬木（以紫檀为多见）或者是红木等髹漆制成，取

紫檀有束腰直足直枨大方凳

清早期 长63厘米 宽63厘米 高52厘米

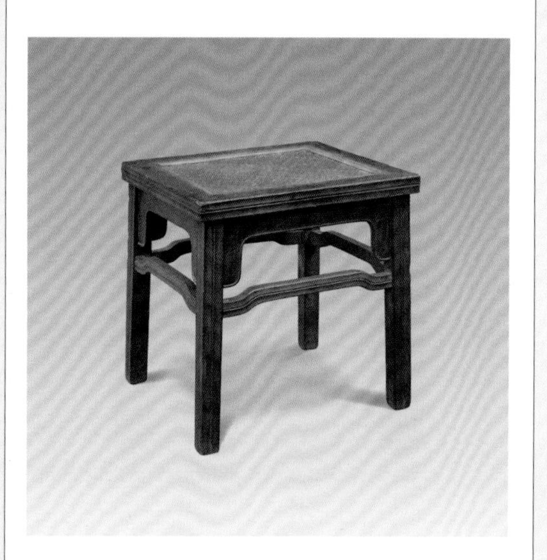

黄花梨直足罗锅枨劈料长方凳

清早期 长41厘米 宽35厘米 高41厘米

材厚重，造型庄重，雕饰精巧，为使用者增添威严之感。且大多单独陈设，多为宫廷所用，有时也放在配殿或客厅陈设，一般仍放在室内中心或显著位置。在明代，宝座的形象在《遵生八笺》就有描述，其言："默坐凝神，运用需要坐椅，宽舒可以盘足后靠，使筋骨舒畅，气血流行。"在《长物志》中也有"椅之制最多，曾见元螺钿椅，大可容二人，其制最古，乌木嵌大理石者，最称贵重。然宜须照古式为之。总之，宜阔不宜狭"的描述。明代宝座的图像资料所见甚少，主要在壁画和卷轴画中才能看到，而实物则极为罕见。

清式宝座的特点是尺寸大，结构复杂，用料规范，做工精细，装饰瑰丽。宝座上下内外，或浮雕、或透雕各种吉祥纹饰，显现出皇家的尊贵和豪华气派。

2.凳类

凳类是没有靠背的坐具的一种形式。与椅类相比而言，明清时期凳类的种类相对较少，其地位也不高。

我国历史上最早的凳子原是指上床用的蹬具，相当于脚踏，后来才被用来作为坐具。其最早见的凳子形象是汉代墓室壁画《杂技图》上的腰鼓形圆凳和北魏敦煌壁画上的方凳。经过1000多年的发展，到了明代，凳子式样已经很多，造型也更优美了。明清凳子的使用，不论在官方还是民间都已相当普遍。

明代凳子分方凳、圆凳两大类。明式凳子朴素无华，而清式的凳子不但在装饰方面加大了装饰程度，而且在形式上也变化多端，如罗锅枨加矮佬做法，裹脚做

法，避料做法，直枨加矮佬做法，十字枨代替传统的踏脚做法等。腿部有直腿、曲腿、三弯腿，足部有内翻或外翻马蹄、虎头足、羊蹄足、回纹足、透雕拐子头足等。腿足有方，有圆，有素式不加任何装饰的，也有雕琢华丽的。凳面的板心，也有许多花样。有各色硬木的，有木框漆心的，还有藤心、席心、大理石心等，用材制作都很讲究。

从结构上讲，凳子有很多种类，如杌凳、坐墩、交杌、长凳等。从造型看，凳子又有圆凳、方凳、长方式和长条式的。

(1) 杌凳

“杌”的本义是“树无枝也”，用于家具则统指无靠背的坐具，以别于有靠背的“椅”。

从造型方面看，杌凳有方形和长方形的，以方凳种类最多，基本式样可分别为无束腰直足式和有束腰马蹄足式两大类型。无束腰直足式杌凳是直足直杌式，，腿足多用圆材或外圆内方材，四足都取“侧脚”做法，故杌凳构件看面大多做混面，起圆线，足端都不作任何装饰。有束腰马蹄足式杌凳是直腿内翻马蹄，多数用方材，由于凳面下起“束腰”，故足底做出兜转的“马蹄”式。有束腰的可以做出曲腿，如鼓腿膨牙、三弯腿等；这是明式家具的一种典型做法。

明清时期的圆凳，又称为圆杌，三足、四足、五足、六足均有。做法与方凳相同，直腿、曲腿都有。明代圆凳一般束腰，凳面为圆形、梅花形或海棠形，下带圆环形托泥，托泥下有四足、六足、八足，使其更坚实牢固。做工细致，形制优美。清代时无束腰的都采用腿的顶端做榫以直接承托座面的做法；有束腰则主要靠牙板和束腰承托座面。它和方凳还有一点不同，方凳都用四足，而圆凳不受角的限制，最少可用三足，多者可用六足。

柞榛瓷面凳（一对）

清 长37厘米 宽28厘米 高51厘米

红木雕花凳

清

凳面的板心，也有许多花样。有瘿木心者，有各色硬木者，有木框漆心的，还有藤心、席心、大理石心等，用材与制作都很讲究。

（2）坐墩

坐墩又名“绣墩”，因其上多覆一方丝绣织物而得名。其造型基本特征为圆形，腹部外鼓，上下小，其造型尤似古代的鼓，故又叫“鼓墩”。其材料有木质的，也有石质、瓷质的。不仅在室内使用，也常在庭院、室外布置。

黄花梨双人凳

明 长118厘米 宽41厘米 高60厘米

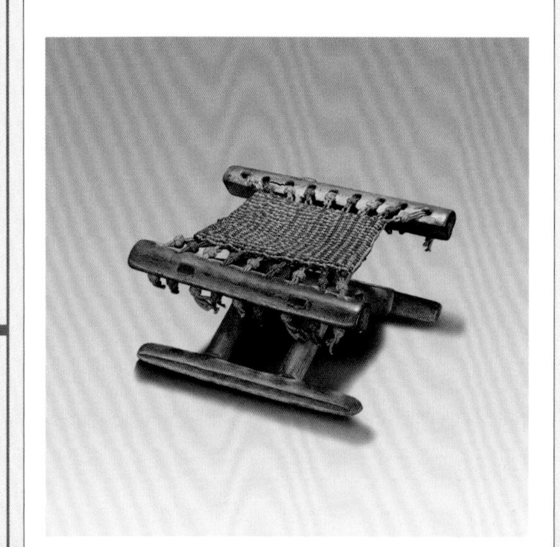

马扎

清 高20厘米

古时很早就用藤、竹等材料做坐墩，所以明代及前清时期的坐墩上还保留着藤墩和木腔鼓的痕迹，也常采用“开光”的做法来模拟其构成式样。坐墩在宋代有鼓形、覆盂形等式样，在明清十分盛行，明清坐墩有别，形体各异，有直棂式、瓜棱式、五开光式等坐墩。明代坐墩以圆形为多，墩面隆起，多胖而矮，又多在座面之下、底座之上的两端雕一道弦纹，在弦纹中间，又雕出一排鼓钉，既简单又有古雅之趣。明宣德窑产品式样丰富多彩，最为著名，万历坐墩名品亦多。清代系平面，一般在上下膨牙上也做两道弦纹和鼓钉，保留着蒙皮革、钉帽钉的形式。多瘦而高。

坐墩的造型，有开光和不开光之区分。开光就是在鼓身雕出不同形状的亮洞。座面的式样有海棠、梅花、瓜形、椭圆形等等不同形状。木质坐墩多用紫檀、花梨、红木等贵重木材。也有仿藤、仿竹节的木质坐墩。冬天上面覆盖皮毛织物，夏天就用藤面。

但不论明清，坐墩一般不会陈设在厅堂之内，更不会在气氛严肃的高档场合出现，只会在厢房或者卧室之内使用。而石质或者陶瓷类坐墩则多用于户外。

（3）交杌

俗称“马扎”，基本形制是由八根

花梨木鼓墩

清 高46.8厘米

直木构成，可折叠使用。自东汉从西域传至中土，从北齐《校书图》和敦煌壁画上见其形象以后，千百年来流传甚广，至今没有变化。唯有变化的是其座面材质的使用，现今所见有绳座面和皮座面之分。比较精细的则施以雕饰，加上金属构件，成为富裕人家较考究的用品。

（4）长凳

即凳面做长方形，多以一板为面，四腿侧脚明显，俗称“四劈八叉”，只供一人使用。长凳中亦有板面可坐二至三人的较长者，俗称“长条凳”或“板凳”。

明清时期，长凳式样繁多。小条凳是民间日用品，二人凳宜两人并坐，其长度

明式红木架子床

清早期　长227厘米　宽153厘米　高234厘米

在1米左右，凳面宽30厘米左右，高约40厘米左右。江南地区往往把二人凳称“春凳”，其形如炕几，可容二人并坐，因座面较宽，不坐时也可用以放器物。至今仍在使用。

（5）脚凳

是一种专为踏脚承足的低矮家具，也称脚踏、承足、搁脚凳等。

（三）床榻类

床榻类家具主要用于躺卧休息之用，也兼具坐具的功能。又可分为床类和榻类。一般来说，床类以躺卧功能为主，形体较大，结构复杂，均在卧室陈设使用。而榻类却兼具坐卧两种功能，形体略小，结构也相对简单，既可在卧室使用，也可在书房、厢房中使用。

1.床类

床主要是供人睡眠之用，有时也兼作坐具的家具，明清时期，主要有架子床、

榉木有束腰马蹄腿罗汉床

清早期　长204.5厘米　宽100.8厘米　高70厘米

罗汉床和拔步床三个种类。

（1）架子床

架子床是一种以立柱为支撑架起床顶的古床统称，也是我国古床中最主要的一种形式。其基本造型是以支柱支撑起床的顶罩，床身的左右两侧及背面均设有围子，束腰，下承三足。有“四柱”和“六柱”之分。六柱架子床是在正面另设有二柱。

因设立支架支撑床顶，以便挂帐子，故谓“架子床”。架子床一般在两侧和后面都装有围栏，床前不设围子，便于上下。床体多为棕藤软屉。围子多用小块木料凿榫拼接成多种几何纹样，有的在床顶亦设有同样纹饰的楣板和倒挂牙子。有的则是在迎面安置门罩，并装饰以历史故事、民间传说、花鸟山水等题材纹饰，式样颇多，结构精巧，装饰华美。有的还在床前设有脚踏。风格或古朴大方，或富丽堂皇。至今江南民间仍喜用架子床。

(2) 罗汉床

罗汉床是一种左右和后面三面设围子的床，一般体形较大，又有无束腰和有束腰两种类型。有束腰且牙条中部较宽，曲线弧度较大的俗称“罗汉肚皮”，故又称“罗汉床”。

罗汉床的围栏一般都较低矮，简单的仅用三块独板做成。在清代，罗汉床的围子出现了大面积雕饰，不仅有以三面各有一块围子的“三屏风式”，也有五块组成的(后三，左右各一)的“五屏风式”，更多的还有“七屏风式”。围子上攒接装饰有各种繁复图案，有的镶嵌玉石、大理石和螺钿等，也有以金漆彩画的。装饰题材也

鸡翅木六柱架子床

清 长221厘米 宽166厘米 床板高51厘米 总高218.5厘米

很广泛，有各种山水人物、花卉鸟兽等吉祥纹样。

（3）拔步床

拔步床，俗称“八步床”，是卧具中体形最大的，也是床榻中最大的床。

其外形好像把架子床安放在一个木质平台上，平台四角立柱镶以木制围栏，多为六柱式，有左右两侧和后面的三面床围子和迎面的门围子，有的还在两边安上窗户。由于平台长出床沿二三尺，使床前形成窄廊，其两端可置放小桌、几凳、衣箱、马桶、灯盏等小家具。其床顶安有床架，作用是为了便于挂帐子。楣板中间镂挖四云头纹饰，平台楣板下都装有倒挂四

榉木黑漆攒海棠花拔步床

清早期 长234厘米 宽266厘米 高240厘米

云头纹饰牙条。由于封闭性很好，所以很像一幢独立的小屋子而成为房中房。

此种床的床体庞大，一般用榆木制成，制作也十分烦琐。由于床的整体纹饰一致，结构设计十分合理，硕大的床却给人一种透灵细巧的感觉。拔步床也有儿童床，长宽尺寸要小，高度偏低，四周设置护栏。

因制作不易，故传世品甚少。

2.榻类

榻一般指狭长而低的卧具，形制与罗汉床相差无几，只是较窄。使用时较床灵活，可随时搬运，时人常将其放置庭院中，白天休憩之用。

中国古代早有榻出现。《释名·释床帐》：“人所坐卧曰床，长狭而卑曰榻，言其体榻然而近地也。”明清的榻主要分为有围子和无围子的两种。

榻的用料要比罗汉床薄，多为四脚着地。北京匠师称只有床身，床体上无任何装置的卧具为“榻”。又分平榻、贵妃榻和弥勒榻等。

(1) 平榻

平榻由四腿支撑榻面构成，榻面多做棕藤屉面，结构材料简朴简单，多为民间布衣所用。

(2) 贵妃榻

又称“美人榻”，是专供妇女小卧、靠坐休息之用的家具。贵妃塌榻面狭小，装棕藤屉面，可坐可躺，制作精良，形态优美。与其他床榻不同，贵妃榻装曲尺形围子。

(3) 弥勒榻

黄花梨云纹凉

清中期　长198厘米　宽81厘米　高48.5厘米

红木美人塌

清　长85厘米 宽83.5厘米 高99厘米

与罗汉床相似，亦称“短榻”。一般尺寸较短小，较低矮，榻身上安置三面围子或栏杆，又称矮榻。虽然也可用于日常睡眠，但主要是常置于厅堂间，用于日间起居、坐卧或日间小憩。

榆木闷户橱

清 长93厘米 宽44厘米 高82厘米

弥勒榻最初多置于佛堂书斋之中，用作静坐习禅或斜倚谈玄，后发展至置于民间厅堂。《长物志》卷六："矮榻高尺许，长四尺，置之佛堂、书斋，可以习静坐禅，谈玄挥尘，更便斜倚。"高濂《遵生八笺》："矮榻，高九寸，方圆四尺六寸，三面靠背，后背稍高如傍……甚便斜倚，又曰'弥勒榻'。"

（四）橱柜类

橱柜是一种橱和柜两种功能兼而有之的家具，主要是收藏衣物，放置食品、食具等日常物品的家具。在制作上各有其特点。可分为橱类和柜类两种。

橱的形体与桌相仿，高度相差不大，橱面也可以当桌面使用。其主要特征是橱面之下设有抽屉，两个者称为"联二橱"，三个者称为"联三橱"，也有四个抽屉的。抽屉之下还设有一个大闷仓，内部可以橱物。明代的橱使用时先将抽屉完

榉木亮格柜

清 长113.5厘米 宽47.2厘米 高142.1厘米

全抽出，将物品存放在闷仓里，然后再装上抽屉，以达到"隐藏"的目的，俗称"闷户橱"。发展到清代，闷仓正面开门以方便存储物品。

与橱不同，柜的形体一般都很高大，对开门，柜内装隔板，有的还装抽屉，可以存放大件衣物和物品。

清代橱、柜做工考究，使用功能也有进一步发展，品种有所增加，风格也与明式大不相同。明式硬木柜大多以光素为主，很少有雕花的。清式硬木柜的门扇和两侧上，大多数都饰以华丽密布的纹样，或是雕刻，或是镶嵌，很少有光素的；有的雕刻竟充满了整个门扇，使整个构图密不透风；有些装饰雕刻则采用开光构图法，在柜子的门扇上有对称的满月式、梅花式、海棠式、花瓣式、委角式开光。在开光中雕刻内容有连续的画面。

橱柜类家具主要包括：亮格柜、圆角

柜、方角柜、架格等。

1.亮格柜

亮格柜是亮格和柜子相结合的家具。亮格是指没有门的隔层，柜是指有门的隔层，故带有亮格层的立柜则统称“亮格柜”。明式的亮格都在上，柜子在下，兼备陈置与收藏两种功能。架格齐人肩或稍高，中置器物，便于欣赏，柜内贮存物品，重心在下，有利稳定。清式亮格柜式样较多，表现在亮格层多，柜门的上面平装抽屉两具，亮格券口牙子多、抽屉多、雕刻多，隔板用漆艺、用漆画的多，还有用镶嵌景泰蓝装饰片的。

亮格柜有不同的样式，上面的亮格以一层的为多，两层的较少；亮格或全敞，或有后背，或三面安券口，或正面安券口加小栏杆，两侧安圈口，或无抽屉，或有抽屉，抽屉或安在亮格之下、柜门之上，或安在柜门之内。不一而足。

榉木带座圆角柜

清早期 长53厘米 宽39厘米 高162厘米

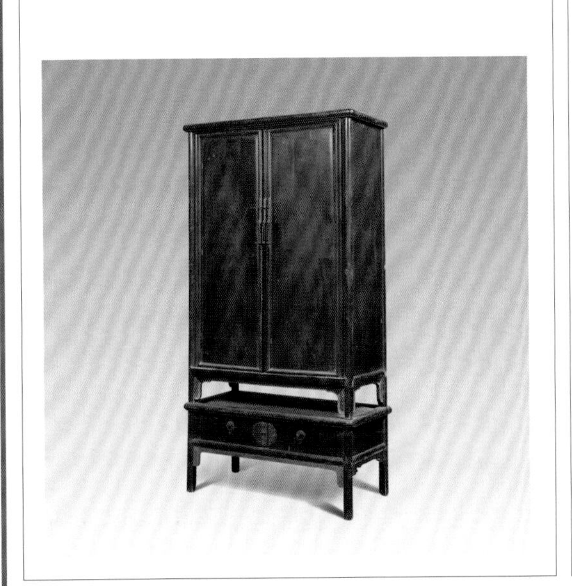

亮格柜还有一种比较固定的样式，即上为亮格一层，中为柜子，柜身无足，柜下另有一具矮几支撑着它，凡属这种形式的，北京匠师名之曰“万历柜”或“万历格”。

2.圆角柜

圆角柜全部用圆料制作，顶部有突出的圆形线脚(柜帽)，不仅四脚是圆的，四框外角也是圆的，故名“圆角柜”，也有称之为“圆脚柜”的。圆角柜柜体上小下大作“收分”，一般柜门转动采用门枢结构而不用合页，即木门轴直接插入，既转动灵活，又便于拆卸，故又称为“木轴门柜”。又因两扇门之间无闩杆，又名“硬挤门”。

圆角柜的四立柱与腿是一块木料制成，也就是说四个边框与腿足不分开，各以一根圆料制作而成。柜顶前、左、右三面有小檐喷出，名曰“柜帽”。柜帽转角

榉木有柜膛圆角柜

清早期 长130厘米 宽50厘米 高190厘米

榉木带座方角柜

清早期 长86厘米 宽43厘米 高174厘米

处多削去方棱，制成圆角。柜柱脚四足也相应做成外圆内方的“侧脚”，圆角柜的造型特点稳重大方，同时因结构稳健扎实，却也十分耐用，是一种结构很有特点的明式家具。

圆角柜有两门的，也有四门的。四门圆角柜形式与两门相同，只是宽大一些。靠两边的两扇门不能开启，但可摘装。

制作圆角柜的材料一般都十分粗大，尽管多采用轻质木料，但因形体高大，重量仍然很重。

3.方角柜

方角柜的特点是前后上下四角见方，上下同大，柜顶也没有喷出的柜沿，柜门同样为硬挤门，门扇与立柱之间是铜合页连接转动。腿足垂直无侧脚。

4.四件柜

四件柜系一个立柜和置于顶端的另一个柜面与大柜大小相同的，但高度较矮的小柜组成，且均成对组合使用而得名，又有人称之为“顶箱立柜”。这种柜流行于明末清初，大多成对在室内陈设，或分置于大厅两侧，或成组成套并列陈设，较为灵活。

制作四件柜的材料有黄花梨、红木等。因造型稳健端庄，柜面多雕饰有各种纹饰，置之厅堂之间，显得十分大气。

5.书画柜

书画柜是专门置放卷轴书画的柜子，属文房用具，一般尺寸不大，做工很精，有的书画柜采用多抽屉式。

6.炕柜

炕柜是一种放在北方火炕上用以存储床上被褥等物品的低矮家具，体形狭长，常置于火炕两侧的深处。因火炕大小不等，炕柜的大小也多有变化。其造型多见长方形，柜面平整，也可叠置盛装不下的被褥。在清代，炕柜使用的数量和造型都十分丰富。宫廷也出现了紫檀和黄花梨等名贵木材制成的炕柜，制作工艺远高于民间，纹饰精美。

7.陈列柜

系晚清时期受西洋家具的影响而出现的一种装有玻璃柜门的柜子，专门用来陈设物品。

（五）屏蔽类

屏蔽的本意是指遮蔽、阻挡的意思。屏蔽类家具大多均以遮蔽光线、风尘和遮蔽视线保护隐私的功能为主，也兼有装饰的功能，后通称为“屏风”。

屏风最早的历史可以追溯到周代。《周礼·春官·司几筵》：“凡封国命诸侯，王位设黼依。”郑玄注：“斧谓之黼，其绣白黑采，以绛帛为质。依，其制

榉木双层亮格云纹书柜

清早期　长95.5厘米　宽47.5厘米　高210厘米

黄花梨万历柜

清早期　长89厘米　宽46厘米　高139厘米

如屏风然，于依前为王设席，左右有几，优至尊也。”随着发展，屏蔽类家具逐渐强化了其装饰功能，逐渐由原来的实用品演进为实用和装饰相结合的具有观赏价值的陈设家具，并以陈设环境的大小和陈设

红木嵌大理石圆插屏

清中期 通高45厘米

紫檀插屏

清 宽14厘米 厚10厘米 高28厘米

方式产生了形制、结构上的变化。如座屏、围屏、独屏以及插屏等。

1.座屏

即屏下设有承重底座而不能折叠的屏风。形体大，多设在厅堂，一般不会移动。古时常用它作为主要座位后的屏障，以显示主人社会地位的高贵和尊严。后多设在室内的入口处，尤其是室内空间较大的建筑物内，常在门内陈设大型座屏，以起遮掩视线的作用。座屏在现代也有人叫它“立地屏风”的，也有称之为“地屏”者。

座屏有独扇的，也有三扇式的、五扇式的，一般分别称为“山字式”、“五扇式”，但多为单扇，最多者可达九扇，其中正中一扇最高，两侧高度递减。多扇者每扇以活榫连接，可以灵活拆卸和组装。有的还在扇顶安装有“沿”，形如屋檐探出，既美观又可起到加固的作用。

2.插屏

座屏中有一种独扇的，体形较小的，用于放在床前、桌案之上，作为装饰用的，叫插屏。也有人将屏心与屏座可装可卸的座屏、砚屏等统称为“插屏”。

插屏由屏座和屏心两大部分组成。其中屏座又由两侧的站牙和站牙间的披水牙和两道横枨组成。站牙下承较为厚实的底座，站牙内侧起槽以便屏心插装，不致前后倾斜；前后披水牙及披水牙上端的横梁组合使用，起主要承重作用，一般透雕有各种纹饰，纹饰变化较多。屏心取材多样，不一而足，常见的有缂丝、竹雕、紫檀、青白玉、镶嵌瓷板、各种名贵木材等。

插屏形体大小各异，大者与座屏相

近，小者约有20厘米，置之于桌案可供清玩。插屏在明代以前趋于实用，主要用于遮蔽和做临时隔断，大都是接地而设多归于家具的一种。清初则开始渐趋形式多样，亦兼有供人欣赏之用。大的插屏发展至清后期又衍生出了穿衣镜。

3.围屏

即具遮蔽功能的可以连续折叠的形似围帐的一种屏风。如宋·吴文英《柳梢青·题钱得间四时图画》词："翠嶂围屏，留连迅景，花外油亭。"一般由四、六、八、十二扇单屏组合使用，每单扇间以插销相连接，可拆可装，组合灵活。使用时相邻的两个单扇支撑点呈夹角共同组

款彩花鸟山水人物屏（十扇）

清 单扇长240厘米 宽55厘米

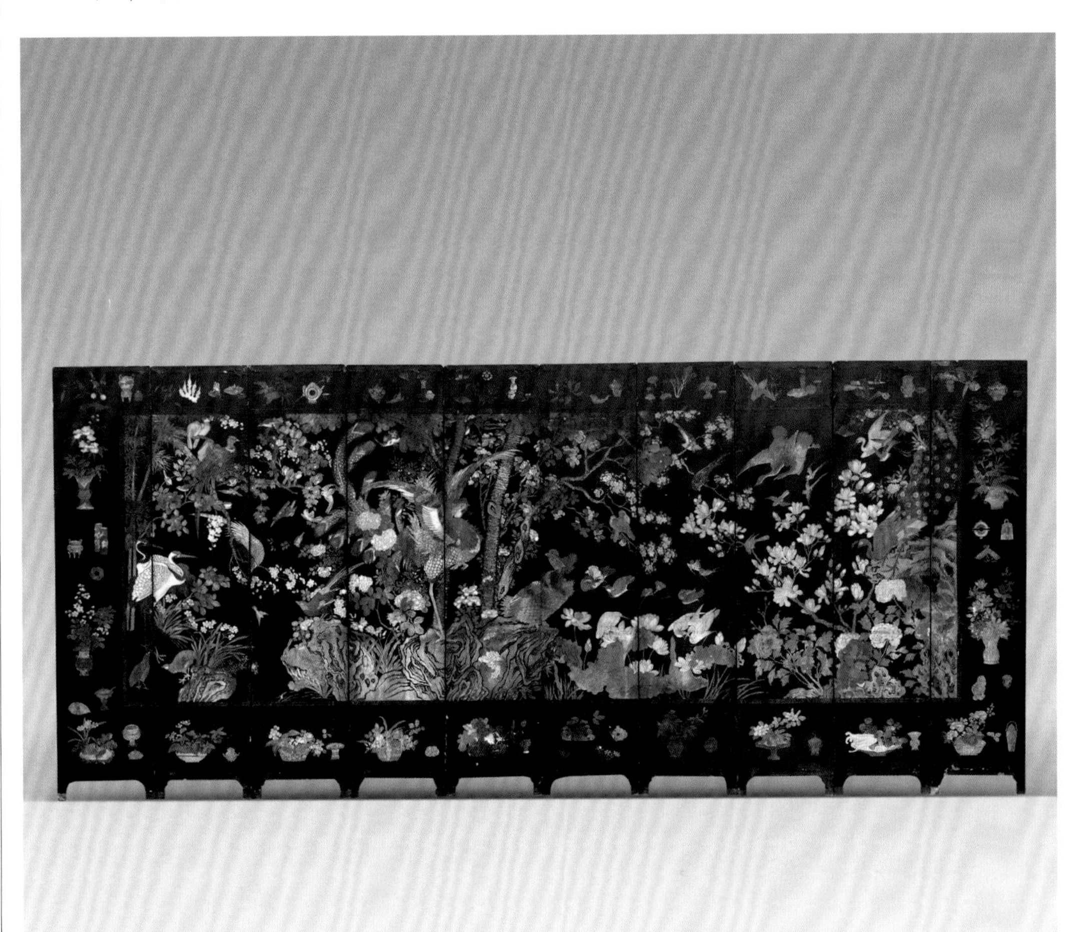

成支撑面而承重，不用之时可如折扇一般收拢。如《红楼梦》第九二回中言：“一件是围屏，有二十四扇槅子。”因此也有人称之为“扇屏”。又因无屏座，放置时折成锯齿形，可折叠使用，也有人称之为“折屏”和“曲屏”的。

紫檀框嵌百宝挂屏

清乾隆 高91.5厘米 宽66.6厘米 厚4厘米

黄花梨炕几

明 长127厘米 宽42.5厘米 高36厘米

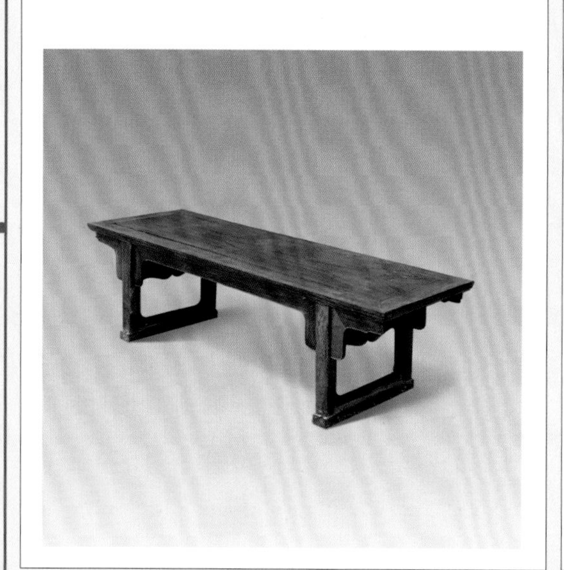

围屏由数量较多的单幅扇屏组成，一般均为双数。扇屏屏心多以实木和各种图案的窗格组装而成，实木屏心上或雕有各种图案纹饰，也有雕填、镶嵌等表现形式。而窗格形式的则在一面裱糊以素纸或者绢绫用以遮蔽视线，有的还在上面饰以书法、绘画、刺绣等。也有全素的屏风。

围屏一般采用木板或以木料为骨，用石、陶或金属做立轴，以单扇竖幅形式构成装饰形式，或以多屏相连的形成进行装饰构成通景，是明清时期常用的家具。但在传世围屏中，尚未发现清中期以前制作精美的硬木实例。

除以上之外，屏蔽类家具中还有与床榻结合使用的、形体较小的床屏以及遮尘遮阳的、体形较小的砚屏等。另外，还有一种挂屏，虽为屏，但遮蔽的功能完全消失，仅作墙面装饰，故应归属于其他类。

（六）架几类

架几类家具发源较早。“架”是指两几共架一块案板，有支撑的意思，后多指形体较为单薄、结构简单的、有支撑或者架起物件的家具。

几是我国古老的家具之一，《古今事物考》中记载：“几，汉李尤《几铭叙》曰，黄帝轩辕仁智，恐事有阙，作舆几之法，则几始之黄帝也。”几，自周就有了形象。在《周礼》、《仪礼》、《礼记》这三部书里，对于几的种类、材质、使用规则以及其代表的等级与名分，就有了明确的记载。春秋时期，几是当时主要的家具品种，相当于现在的桌案。在汉代，几是等级制度的象征，当时人们习惯于跪坐在地上交流，所以几案都比较低。使用几一则可显示家具主人的身份和地位，二则为了生活之需和美观，在生活、起居中起着重要作用。早期的几有多种，如凭几则专是供人凭依之用，形体较小，设有三足或两个板状足，高度与众人的坐姿相适应以供侧依。《器物丛谈》曰：“几，案属，长五尺，高尺二寸，广一尺，两端赤，中央黑。”“古者坐必设几，所以依凭之具。然非尊者不之设，所以示优宠也。其来古矣。”明清时期，几的种类繁多，造型十分丰富。根据几的不同用途，形成了有高有矮、有圆有方的不同形体。

架几类家具又可分为架类和几类。其中架类包括衣架、面盆架、灯架等。几类则包括架几案、炕几、茶几、香几、花几等。从形制结构上分，又可分为单几和包括大小不等但可拆分使用的套几等等。

1.架类

(1) 衣架

专指古代一种垂搭衣裙的支架。是我国较早出现的一种家具。周朝开始实行礼制，贵族阶层对衣冠十分重视，为了适应这种需要，就出现了这种专门用来悬挂衣物的架子。如周《礼记·内则》中：“男女不同椸枷。”《说文》：“椸，衣架也。”春秋时期，横架的木杆，用以挂衣曰“桁”，在宋代，衣架的使用较前代更为普遍，并且有形象的资料，如河南禹县宋墓壁画《梳妆图》中的衣架，它由两根立柱支撑一根横杆，横杆两头长出立柱，两头微向上翘，并做成花朵状。下部用两横木墩以稳定立柱，在上横杆下部的两柱之间，另加一根横枨，以起加固作用。明代衣架，继承古制，基本造型大同小异。下部是木墩为座，上有立柱，在墩与立柱的部位，有站牙固定，两柱之上有搭脑，

榆木双立柱棂格纹衣架

清早期 长142厘米 宽54.5厘米 高134厘米

黄花梨脸盆架

清早期 高70.5厘米

榆木大漆衣架

清早期 长162厘米 宽49.5厘米 高158厘米

搭脑两端出头，一般都作圆雕装饰。中部大都有雕饰华美的花板，两侧也饰挂牙，很是清丽、精美。

（2）巾架

形式和做法与衣架基本相同。唯上下横杆较短，两边立柱的距离较近。因其与衣架在长度上有所不同，故称为巾架。实际上，它并不一定专为挂巾，如在内室亦可挂衣。实物曾见于上海潘氏墓出土的明器。

（3）面盆架

一种专用于架起面盆的支架，多用木材制成。有三足、四足、五足和六足等不同形制，也有高低之分，低者多呈“米”字状，有三腿、四腿、六腿等不同式样，一般都取朴素无饰的式样，中间可承置面盆，与古代故架十分类似。高者多为六足结构，其中有相邻的两足较高，上部搭脑两端出头上挑，搭脑之下常有挂牙护持，中有花牌，常雕刻有净瓶头、莲花头、坐狮等。明清时期的面盆架多直腿，曲腿者较为少见。

（4）灯架

一种古代承托室内照明灯具的家具。其基本造型为下有墩座承托垂直的立杆，立杆顶端设圆台式灯座用以置灯，灯座下多饰有雕花挂牙。形体较高。明清时期灯具可分为固定式、升降式和悬挂式三种形式，其中尤以升降式最为常见。升降式灯架的结构形似汉字中的“冉”字，将高挑的灯杆插于中间横梁的孔中，下端抵达座托之上，使用时既可脱离其他外在依靠，又可随时移动，还可通过活络的插销调整灯台相应的高度，设计巧妙，使用也十分方便。

（5）镜架

是古时用于支架镜子的小型便携式家具，其基本结构与交椅相似，架面呈斜坡状以置镜照容。造型较多。有的较为简单，有的则制成一种箱式结构，内置有镜架和小格，以便盛放梳篦等梳妆用品，其功能相当于一个小型的梳妆台，小巧精美。明清时期的镜架使用非常广泛，前者构造较为简单，至清代则以箱式镜架较多。其材料有红木、黄花梨、紫檀等。

2.几类

（1）架几案

架几案是一种体形狭长的家具。因具有架、几、案三种家具的某些特征而得名。从结构上看，架几案是架、几与案的组合体，两端为两只几架起案面。其特点是两头几子与案面并非一体，而是可以拆卸的分体家具。架几案既不用夹头榫也不用插肩榫，可随意拆卸，装配灵活，搬运方便。但从功能上看，架几案的用途其实

紫檀灯架（一对）

清康熙 高167厘米

黄花梨大脸盆架

清中期 宽65.5厘米 深58厘米 高186厘米

老花梨木架几案

清 长218厘米 宽38厘米 高92厘米

红木小翘头炕几

清 长64厘米 宽16.5厘米 高15厘米

有二：其一为读书人架书，历来受文人的宠爱。其二是放香炉等。

架几案的案面案板多用厚板制成，其案面厚可达2寸，长可近丈，气势宏大。明式架几案的案面光素无纹饰，而清式架几案多为立面浮雕花纹。两端几子的做法多种多样。最简单的一种几子是以四根方材做腿子，上与几面的边抹相交，用粽角榫连接在一起。边抹的中间装板心，腿下有管脚枨，或由带小足的托泥支撑。这是架几案的架几案最基本的形式。有的几子两边的几中部各有一抽屉，不仅实用，也起到使其牢固的作用，而且在视觉上增加稳重的效果。有的架几案在中部加枨子四根，加槽装板心。足底不用托泥而用管脚枨，和上端一样，也采用粽角榫结构，管脚榫之间也打槽装板心。这样，在几面下的空间被隔成两层，可以利用它们放一些物品。

架几案名称中的“架几”二字，可谓是，在几类家具中，两几共架一案的架几案在清中晚期流行。从清代《则例》和宫廷陈设档册中，得知当时称架几案为“几腿案”，或取其组合结构和“几”字之形命名，形象倒也较为准确。

明清时期，架几案往往摆放在厅堂正中的北墙，上置花瓶、小座插屏等陈设。案上面可以挂书画，架几案也可以顺着两梢的山墙摆放。小架几案也可以贴着栏杆罩摆放，或顺着窗台摆，可以起到分隔室内外空间的作用。明代的架几案以长者居多，还有一种矮型的，只高二尺多，多在炕上摆放。清代架几案简洁单纯，淳朴清雅，造型简练严整，多用直线，干净利落，具有很强的节奏感，是清晚期富贵人家所用。而尺寸硕大、选料名贵、装饰华美的大架几案则多见于宫廷贵族之家。如今只有在故宫博物院、颐和园、中南海等才能得见。

（2）炕几

炕几也叫“靠几”。长和宽的比例与炕案相仿，高度一般较炕案还要矮些。明清两代炕几的使用很普遍，且有很大的讲究。《遵生八笺》中介绍炕几说：“炕几，以水磨为之。高六寸，长二尺，阔一尺，有多置之塌上，侧坐靠衬，或置熏炉、香合、书最便。”炕几一般较窄，故通常放在炕或床的两端。

（3）香几

因承置香炉而得名，多为圆形和方形，高足，腿足弯曲较为夸张，且多三弯脚，足下有“托泥”。宋代以后出现。不

红木四平式玉璧纹花几成对

清 左：长14.6厘米 宽14.6厘米 高50.3厘米 右：长14.6厘米 宽14.6厘米 高46.3厘米

红木茶几（一对）

清 长49厘米 宽35厘米 高78厘米

论在室内还是在室外，香几多居中放置，四无旁依，应面面宜人欣赏，体圆而委婉多姿者较佳。明·高濂所撰《遵生八笺·燕闲清赏笺》中这样描述香几，文曰："芍室中香几之制有二，高者二尺八寸，几面或大理石、玛瑙石，或以骨柏楠镶心，或四、八角，或梅花，或葵花、慈姑，或圆为式，或漆，或水磨渚木成造者，用以阁蒲石，或单玩美石，或置香盘，或置花尊以插多花，或革置一炉焚香，此高几也。"可见香几的式样之多，有高矮之别，且不专为焚香，也可别用。

（4）花几

花几是一种专供搁置盆花的高足型家具，是几类家具中最高的品种，一般要高出案桌，所以又称"花架"或"花台"。式样较多，不仅有圆，有方，有高，有矮，而且根据花盆、盆景的需要，还有各种小花几，有的称之为座子，但通常专指较高的一种。花几的造型一般中间无隔档，腿足一木到底，低下的管脚档，通常呈桥梁形，腿足以马蹄形较多。明式花几造型简洁质朴，强调家具形体的线条形象，而清代则装饰繁缛华丽，但也不乏造型细高者。到了晚清，苏式花几以线条造型为主，不重雕饰，广式花几则重雕刻，较花哨。清代花几非常盛行，现在流传于世的古代花几大多是这个时期的作品。

花几一般要成对摆放，多置放于墙边、墙角、柱子边或条案两侧。花几所起到的点缀作用，是其他家具所不能替代的。

（5）茶几

一种专用于盛放茶具的高足型家具。茶几一般不单独陈设，均配合椅子使用。一般是两张椅子中间配一个茶几。茶几面是框边结构，有束腰、牙板，面板常镶嵌瘿木（一种树瘤）或云石，腿中间有隔板，最下面还有底档，有的还有抽屉。

（6）架槅

基本造型以立木为四足，用横板将空间分隔成若干层的一种家具，主要用于存放物品，也可存放书籍，故常谓“书槅”或“书架”。但又因其用途非专供放书，因此也有人称之为“架槅”。在明代，大多架槅的结构较为简单，多见由隔板将四足间的空间分割成若干的形式，但也有设置背板和安上券口牙子的，相对考究一些。

（7）套几

是一种结构、造型相同，但体形大小依次递减的，并依大小完全收拢在最大者四足内空间的成套几类家具。一般为四个组成一套，可分拆使用，也可收拢一体置放使用，将小几套在大几中，十分方便。故名“套几”。套几是明清制作得十分有特色的家具。套几以苏作为多，深受文人雅士的喜爱。

（8）条几

一种长条形的几案。形状与条案相

红木书架

清 长80厘米 宽33.5厘米 高166厘米

红木套几

清 尺寸不一

似，较窄。

（七）其他类

泛指不宜归入以上几大类的家具，如笔筒、笔架、书盒、帖架、提盒、官皮箱、挂屏等小型家具，种类较多，今择其一二略述。

1.药箱

专供存储急救类药品之用的小箱。多为木质，内有小格或抽屉。

2.笔筒

专供存储毛笔之用。多呈筒状，口底大小相若，造型简单，是文房案头必不可少的工具，因其材质多样，有竹木制、牙雕、玉雕、铜质、瓷质等形式。《长物志》载："湘竹、棕榈者佳，毛竹以古铜镶者为雅，紫檀、乌木花梨亦间可用。"笔筒的装饰工艺也各不相同，但大都极具观赏和艺术价值，深得文人墨客的喜爱。据载，笔筒出现于明朝嘉靖、隆庆、万历时期，至今仍有使用。

3.帖架

是一种临习书法时用以置放法帖的小型家具，又作书帖架、帖子架，由竹木制成。临习书法时字帖以一定角度倾斜，以适应读帖视角，实用特点明显。帖架的造型各异，但大多可折叠收放，其中精品各有机巧妙构。深得文人青睐。

4.官皮箱

是一种朝廷官员专门存储文书、契约、玺印等贵重物品的便携式提箱。常作正方体，盝顶，下有承托，两侧设有铜质提手，有的还在各折角包有铜脚。官皮箱一般体量不大，但内部结构较多，且设计巧妙，制作精良。是官员出行必不可少的重要物品。官皮箱流行于明末清初，到清末民国时由于洋皮箱的广泛使用，官皮箱就很少有人用了。

官皮箱均为木质，其材质有紫檀、红

圆包圆紫檀几架

清 长38厘米 宽18.8厘米 高11.2厘米

黄花梨帖架

清早期 长34.5厘米 宽36厘米 高30厘米

黄花梨官皮箱

清 长27.7厘米 宽24厘米 高29.2厘米

木、黄花梨等。

5.挂屏

虽为屏，但已完全褪去遮蔽的功能，多悬挂墙壁成为室内装饰性的品类。一般以两扇、四扇或六扇成对成套使用。屏心内容多以瓷、玉、象牙或各色彩石镶嵌组成诗文或图案，也有以髹饰描绘作为表现手法的。清后，挂屏十分流行，至今仍为人们所喜爱。

6.都承盘

又称“都丞盘”、“都盛盘”或“都珍盘”，是过去文人雅士陈设小件文玩器物和文房四宝的一种案头小型家具。其作用是将杂乱无章的文房小件及小型珍玩作简单收集，归置齐整，因可承置多种物品而得名。

都承盘的造型通常是在一块板材四周加置低矮的边框组成，造型简单但具有相当的实用价值。多用红木、黄花梨制成。

紫檀承盘

清 长38厘米 宽34厘米 高3厘米

二、以陈设环境的不同分类

自宋代以来，我国古代园林建筑艺术向满足日常生活之需和满足文人自身文化活动可居可游的方向发展，园林建筑内部的格局和功用也渐趋明晰。从功能看，不仅仅有以起居为主的卧室，以从事文化活动为主要活动场地的文房书斋，还有体现社会地位及文化修养的厅堂，并在这些不同功能的环境之中陈设有与之功能、功用相对应的家具和器物。大致如下：

（一）厅堂家具

厅堂即正房、正堂、堂屋内部。正堂是我国古代家庭活动的重要场所，其建筑等级是家庭建筑单元中最高的，不仅要略高于一般建筑，而且占地面积较大，室内空间也较为开阔。正堂不仅是常设神龛和祖先神位的地方，还是主人实施家庭礼仪活动的重大场所，同时也是迎宾待客的地

铁梨木高官帽椅（一对）

清 长57.5厘米 宽43厘米 高109.5厘米

方。可以说，在我国古代住宅中，不论是官邸还是民宅，都有待客的厅堂，厅堂就是体现主人家庭和社会地位的地方，不论或繁或简，都是主人的门面，是主人身价的体现。

在这种情况下，厅堂内的陈设自然不可随意和马虎，遂形成非常讲究的客厅系列家具，自然也成就了地位最高的厅堂家具的价值，成为古典家具的精华所在。

一般来说，古代厅堂家具的陈设均十分讲究规范化和对称性。如厅堂正中置屏风，屏风前置长条案。案前是供桌，供桌前是八仙桌，桌的两边各置一把太师椅。厅堂的两侧对称放椅子与茶几，形成一堂八椅四几的基本陈设格局。清中期以后，西风渐进，尤其是到民国时期，吸收了西洋家具的特点，加上楼房的普及、居室的小型化和多元化，客厅家具更具时代特点，出现了古董柜、玻璃柜、银器柜、博古橱等。民国以后，原先那种严谨的布局和程式被打破。

据此，我们可以得出，常见客厅家具中应包括桌案类的长条案、长书桌、长搁几、八仙桌、圆桌、月牙桌等；凳椅类的太师椅、官帽椅、扶手椅等；几类应有茶几、花几、架几案等，以及座屏、插屏、挂屏、博古架等。至民国则增加有古董柜、麻将桌、沙发椅、贵妃榻、长椅、玻璃柜、银器柜、秀墩等。

（二）文房家具

文房也称为书房、书斋，专指我国古代文人从事文学、书法、绘画等艺术创作和存储图书、典籍的建筑空间。

文房之名，起始于我国历史上南北朝时期。据《梁书·江革传》记载：“此段雍府妙选英才，文房之职，总卿昆季，可谓驭二龙于长途，骋骐骥于千里。”当时的“文房” 专指国家置放典章文献的地方，似乎与今天的档案馆有些类似。至唐代，在大诗人杜牧的《奉和门下相公兼领相印出镇全蜀》一诗中写有“彤弓随武库，金印逐文房”句，可见此处“文房”就已指文人的书斋。

明清时期，文房已发展成为文人活动的独立空间，不仅仅用以从事相关艺术的创作，有时还用作文人间沟通思想和交流艺术心得的场所，使文房又兼具了客厅的部分功能。或许正因为如此，文房不仅要求宽敞明净，在文房家具的陈设上也提出了更多的要求和标准，以体现文人“汉柏

黄花梨小方桌

清早期 长72厘米 宽72厘米 高66厘米

黄花梨圆腿独板翘头案

明末清初 长223厘米 宽42厘米 高96厘米

黄花梨有束腰马蹄腿罗锅枨长条桌

清早期 长188厘米 宽51厘米 高86厘米

秦松骨气，商彝夏鼎精神”的文人气节。

再者，明清时期的文房家具不仅要求要与建筑环境以及室内格局相适应，还要与主人所从事的相关活动相适应。不仅如此，或许还要满足文人特立独行的文人性格和艺术品位，故而明清时期文房家具的品位一般都体现出了较高的艺术水准，在工艺上更是精益求精，使文房之中无不体现出我国古代文人追求清心逸远、散淡孤傲的精神追求，但又不乏古朴而高雅的艺术氛围。

常见的书斋家具有书桌、书柜、书案、画桌、八仙桌、太师椅、棋桌、书架等，其中尤以宽大的书桌或画案最为讲究，一般陈设在较为明显的位置，是文房中的主要家具。桌案上则置放有笔筒、书架、砚台、笔洗、镇纸等文房四宝文具。周围则置有博古柜、书架，靠墙放置一长案或几，上摆放文玩，案或几的上方墙上挂书法或绘画。长椅或榻放在墙边以供休息。而具有待客交流功能的书斋还可能包括有各种床榻，如罗汉床、平榻、茶几、扶手椅等，有的还陈设有琴桌、琴凳、茶桌、茶具，以便文友相互切磋，啜茗弈棋，论书听琴。四壁挂有字画、挂屏、家训；墙角置有中小型供石或灯架。

文房是文人的精神寄托所在，其中亦不乏文人日常使用把玩的各式清供，如笔筒、臂搁、水盂、镇尺、砚屏等古玩，略大者还有书匣、帖架等。

文房家具在明清时期在用材和风格上也体现出一些差异。如明代文人多以拥有一件黄花梨、鸡翅木等硬木书斋家具为荣。而到了清中后期，由于黄花梨、鸡翅木的短缺，书斋硬木家具的主角便被紫檀、红木、花梨木所代替。

（三）卧室家具

卧室是人们用作夜间休息的地方，具有较高的私密性，尤其是女眷内属的卧室，更是一般人不得擅入的地方。

卧室家具以各种床榻等卧具为主，并兼备有其他卧室活动的家具。

床在明清时期南北各地不尽相同。如明代南方以床为主，有架子床、拔步床等，而北方以火炕为主，即便是在夏天，高大而略显笨拙的拔步床和架子床使用也很少。而在清代，随着社会经济的发展，政商活动频繁，以北京为主的经济文化中心自然也聚集了来自南北各地的官员和商客。在故地文化习俗的影响下，加之火炉等取暖设施的出现和应用，各种床具层出不穷，且制作精良，大大丰富了卧室家具的品种和文化。

一般来说，除了床具以外，卧室家具还包括圆角柜、方角柜、闷户柜以及各种箱等橱柜类家具，以便存储衣物及被褥，还有一些必要的坐具，如扶手椅、坐墩、玫瑰椅、矮榻等，有的还会因主人家庭地位、性别、年龄以及文化素养的不同呈现出一些变化和差异。如书香门第的卧房就

红木琴几

清 长98厘米 宽35厘米 高85厘米

黄花梨根瘤笔筒

清早期 直径17.5厘米 高17厘米

可能陈设有书桌、书架或者书案以及四仙桌、扶手椅等，有的可能还设有琴桌、琴案。再如年轻女性闺房的家具就会适应其身高显得较为小巧而精致等等。在北方卧室，还有一些火炕上使用的炕桌、炕案、炕几等小型家具。

卧室家具在造型上一般较厅堂家具要小，但一般都制作精良，雕工精巧细致。

三、以社会身份的不同分类

以社会身份的不同进行分类主要是因为消费者和使用者因社会地位的不同，使家具形成一定规律和较为明显的特点。大致可分为四种：一是主要以奢华为总体风格的宫廷家具，二是以简约明快为造型特点的文人家具，三是以陈设祭祀供品为主的寺观宗祠家具，四是以柴木为主要制作原料的市民家具。

黄花梨圆角柜

清早期　长77厘米　宽44厘米　高144.8厘米

（一）宫廷家具

宫廷家具指我国古代封建王朝宫廷使用的各类家具。是按封建贵族统治者的需要制作的家具。由于地位处于社会各阶层的顶端，拥有技术和材料的绝对优势，制作家具不仅选材讲究，家具体形硕大，而且造型精美，工艺精致，装饰华丽，具有民间家具无法与之相类比的明显特征。

明清时期是传统家具艺术发展的黄金时代。而明清宫廷家具则集中了民间优秀的制作技术和优良的制作材料，成为我国古代家具发展史上的优秀代表。

在清代中期以前，社会经济发展稳定，大量的海外贸易都为宫廷家具的制作提供了坚实的物质基础，加上明代手工业的兴起，清康熙、雍正、乾隆三代清代宫廷家具突显出皇室御用之器的大家风范。不仅家具种类繁多，而且普遍用料奢费，形制壮硕，做工精致，雕刻精美，纹饰花

紫檀大方角柜

清早期　长119厘米　宽63厘米　高188厘米

紫檀雕西番莲“庆寿”纹宝座

清乾隆 长125厘米 宽75厘米 高115厘米

样上也是纷繁复杂，缔造了中国家具艺术史上的宫廷艺术风格。

清代宫廷家具的用材以硬木中的高档木材——紫檀为主，典型的如大座屏、宝座等，还兼有一定数量的黄花梨、铁梨木、鸡翅木、酸枝木、楠木等，且用材硕大，纹饰多变，装饰富丽堂皇。除皇家宫廷之外，清代还有不少皇家贵族、王爷贝勒府邸，所用家具不论材料抑或种类也都具有宫廷家具的一些风格特征，虽无法与真正的宫廷家具相比，但亦绝非一般家庭所能及。

（二）文人家具

文人家具是指以古代文人阶层为消费

紫檀高束腰西番莲纹方桌

清乾隆 长87厘米 宽87厘米 高88厘米

和使用而制作的各种家具。

宋代以后，南宋古都的文化背景、商业和手工业发达以及湿润的气候，使得大批的文人巨贾聚集在经济富庶、交通便利的江南地区。在这样历史文化、社会经济、民间工艺都较为成熟的历史背景下，明代许多文人也都直接或间接地参与到了各种工艺美术的创作和制作之中。如明代书画大家文徵明曾孙文震亨著有《长物志》、高濂著有《遵生八笺》、谷应泰著有《博物要览》等等，都曾对家具的木质和风格进行了深入的研究。造型、工艺、结构、装饰都别具一格的明代家具，无不体现出了文人所特有的思想、意趣和审美观。随着明代文人家具的日臻成熟，明代家具成为明代文人作用下的典型代表，并由江南地区为中心广为普及开来，最终形成了明代家具的典型风格特征。

与其他家具不同，文人家具具有造型简练、结构严谨、繁简相宜、以线为主、装饰适度的总体特征，也体现出了文人含蓄而富有内涵的精神特质。

至清初，明代文人家具仍然十分盛行。不论在工艺上还是技术上，都仍然保留着明代家具的特色。而至清代乾隆年间，受到统治阶层欣赏趣味变化的影响，清代文人家具也产生了相应的变化，并随着统治阶层的奢侈之风，在清中期形成了以宫廷家具为代表的清代文人家具的风格，不仅取材不吝，注重装饰，工艺精益求精，种类也变得丰富多样。

总的来说，明清文人家具在材质、造型、结构上各有侧重，均体现出明显的时代特征和文人气息，这些都是在不同历史和文化背景下文人参与的结果。

（三）寺观宗祠家具

除以上不同身份使用的家具外，我国古代还有为数众多的寺观宗祠家具，明清亦然。

我国是一个具有深厚文化底蕴的国度，家具就是中国众多传统文化中重要的一支。在历经数千年的文明长河中，家具的发展始终与社会政治、历史文化及人们的风俗信仰、生活方式等方面保持着极其密切的联系，也无不与严格的传统礼制风俗和尊卑等级观念紧密结合，不仅反映出人们的审美情趣、思想观念以及思维方式和风俗习惯，还体现着浓厚的民族思想观念、民族道德观念和民族的行为模式等。至明清时期，寺观宗祠家具发展形成了两个历史高峰。

其实，家具的发源应从原始时期最早的祭祀开始，如商周时代祭祀所用切肉

黄花梨供桌

清 长97厘米 宽51.5厘米 高98厘米

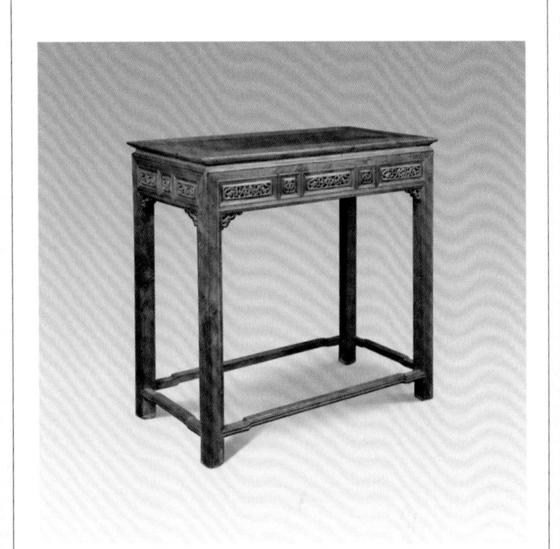

黄花梨夹头榫云纹牙头平头案

明末 长144厘米 宽45厘米 高85厘米

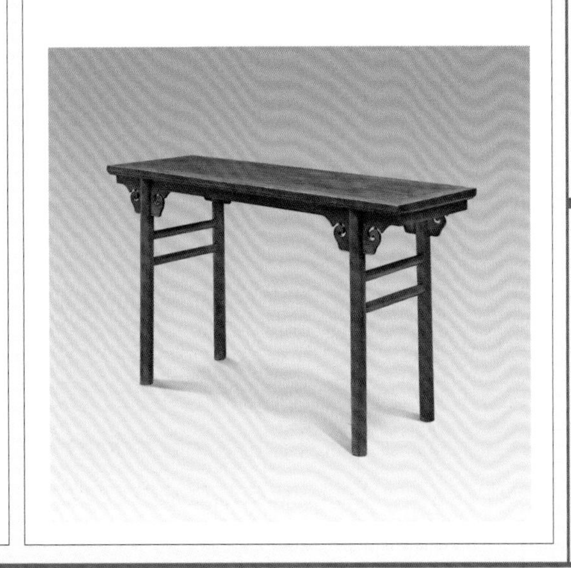

铁梨木灵芝纹翘头案

清早期 长173厘米 宽45.5厘米 高89厘米

红木板足条桌

清中期 长196.5厘米 宽26.8厘米 高82.3厘米

的案板“俎”就是后世桌案几凳的最初形象，堪称我国家具的始祖。在随后漫长的时间里，祭祀场合所陈设的各种用具则发展成为我国古代家具的最早雏形。而与此同时，各种民间的祭祀活动也更趋普遍化和程序化，一些礼教约束渐趋形成，一些活动场所也出现了与之相应的必要陈设家具和物品。如在进行祭祀活动时，供案作为陈设各种祭祀用的供奉品就是不可缺少的，这不仅在现存的各种寺观宗祠中常见不鲜，在历史资料中也多有记载。如明·叶宪祖《北邙说法》：“俺这一班同僚，或在都城衙舍，或在冲要街衢。最不济，也在人家供桌之下，受些香火。”清代曹雪芹《红楼梦》第五三回：“邢夫人在供桌之西，东向立，同贾母供放。”我国现代著名学者郑振铎在《大佛寺》中也写道：“佛前有好些大理石的供桌，桌上写着某人献上，也显然是新的。”

随着时代的变迁，各种礼教、宗教等祭祀活动多集中在了一些寺庙、坛观和宗祠之中，所陈设使用的各种家具也形成了一定的特点。如常备的供案则明显高于一般家庭常用的供案，且取材粗大，造型稳重，并雕饰有与之相关的各种纹饰和花纹等，使得供案不仅具有实用性，而且具有了一定的观赏性。

明清时期，常见的寺观宗祠家具有，神龛、香案、供桌、椅子、方桌、长桌、条凳、大型木结构屏风以及必要的灯具等，一般使用上好的硬木作原材料，做工也非常讲究。

（四）平民家具

泛指民间平民阶层使用的家具，在古代家具数量中的所占比例最大，因生活、生产活动的需要，几乎涉及了生活、生产的方方面面，其器型种类非常之多。从地域概念上看，平民家具的分布和使用也最为分散。

除上述类型的家具外，平民家具常受家庭财力、物力以及文化素养等多方面的制约，除少数富商及地方豪门家具有一定工艺水准外，平民家具的材料大多为柴木制作，制作工艺也不甚讲究。

四、以产地的不同分类

由明至清，是我国传统家具发展的鼎盛时期，尤其在明代，形成我国古代家具的顶峰，以其造型简洁、优美大方、比例适度、科学性强著称。清代，全国各地在家具的使用和制作上掀起热潮，以用材厚重、装饰华丽、稳重富丽而闻名，又将古典家具推向一个新的高峰，一些地方家具制作遂形成了明显的地域风格。主要有苏式、广式、京式、晋式、宁式等等。

榆木大漆三弯腿排椅

明 长141.5厘米 宽41厘米 高92厘米

排椅又称为“庙椅”，多产于明代山西临汾与河南三门峡一带小范围地区。主要摆放在寺庙里的经堂中，其制作风格与亭阁建筑中的围栏座椅极其相似。由于一间寺庙中只有方丈等高级僧人能够使用，所以排椅当时制作数量有限，造型上乘者传世很少，此为一例。

（一）**苏式家具**

苏式家具是以产自江苏苏州为中心，兼及扬州、松江地区等长江中下游地区生产的家具的一种统称。但也有人仅指苏州、扬州、松江等中心地区所产的家具。

苏式家具风格自明末清初形成。其轮廓舒展，造型优美，简练古朴，线条流畅，用料合理节俭，常见以黄杨、玉石、螺钿等材料镶嵌作为装饰，且技法水平高超。这主要是因为苏南地区家具用材远不及政治中心的京城和商业繁茂的海运中心广州具有丰富的材料来源，故而，苏式家具在艺人既追求观赏使用效果的同时，还要对材料精打细算，不论是大件家具还是把玩小件，均无不精心琢磨，“惜木如金”，使材料各尽其用，人竭尽所能，完美地展示了苏式家具的制作工艺，令人叹为观止。关于清代家具中的苏式、广式、

楠木四面平马蹄腿直枨攒矮佬方桌

清早期 长78.6厘米 宽78.6厘米 高78厘米

京式，本书将在《清代家具风格特征》中详述。

（二）**广式家具**

以广州为制作中心的岭南家具风格。

广州因特殊的地理位置，自古就是我国海外贸易的重要港口，尤其与东南亚及阿拉伯地区各国家进行贸易往来，使广州在获取家具制作材料方面具有明显优势。清早期苏式家具兴盛，至中期，造型健硕、取材完整、纹饰繁缛、长于精雕细刻的广式家具则深受宫廷贵族的青睐，一时广式家具发展迅速，成为清中期家具制作的领头羊。

因其地理位置的特殊，广式家具在外来文化的影响下带有明显西洋风格，不仅造型吸收了西方巴洛克与洛可可式艺术风格，就连纹饰上也有使用，尤其在纹饰雕刻上多借鉴了西洋家具的精雕细刻和繁复华丽的装饰风格。广式家具用料充裕，家具装饰纹样繁缛、细腻，浮雕、通雕、圆雕、镂空、线刻、镶嵌等装饰技法广泛应用，且技法娴熟、雕磨精细，形成了广式家具装饰豪华、富丽堂皇的总体艺术风格。

（三）**京式家具**

京式家具是在苏式、广式家具的基础上发展起来的，是以北京为代表，流行于北京、天津及河北地区的家具流派。

京式家具的风格介于广式、苏式之间，流行于清代中后期，这是因为清早期的家具多从苏式家具的制作地采办，而至康熙以后，清宫内设“造办处”，为宫廷设计制作各种陈设及使用器物。其“木作”即招聘苏、广二地的能工巧匠，并在二者材料、工艺、造型、装饰风格的基础上，在清代宫廷政治、文化等特定环境氛围中，制作出与宫廷礼制、文化等相适应的家具。至清晚期，清宫家具逐渐在皇族王府权臣府邸中流行。皇族权臣遂成京式家具中高端消费市场的主力，也使得京式

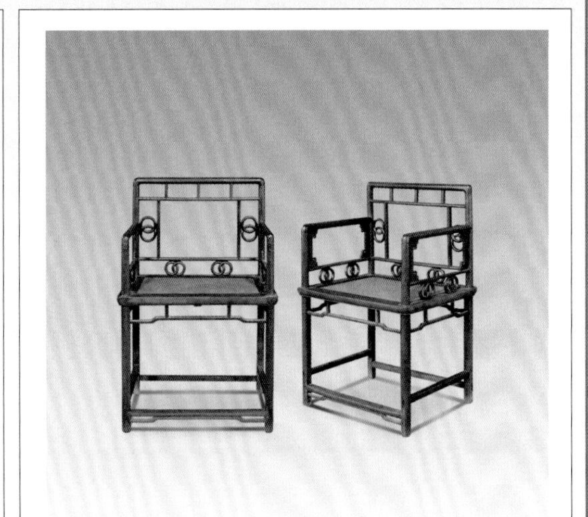

鸡翅木直棂玫瑰椅（一对）

清 长56厘米 宽44厘米 高84.3厘米

榉木团寿纹南官帽椅

清 长54厘米 宽43.5厘米 高94厘米

家具的主流风格最终确立，并对周边地区的家具风格产生了影响。

从造型上看，除少数重要场所如太和殿中的七屏雕龙金漆屏风及金漆雕龙宝座等形制宏大的家具外，大多常用的家具都较明代家具为大，与苏式家具相仿，设计种类繁多；在材质上，京式家具却以广式家具为宗，取材以紫檀、黄花梨和红木等硬木为主，且多用大料，不惜工本，装饰图案也力求繁缛，雕琢极尽精微，打磨光滑，并镶嵌金、银、玉、象牙、珐琅、百宝等珍贵材料，形成了京式家具气派豪华、“皇气”十足的显著特点。

至清末，京式家具在外来文化的冲击下，虽仍保持有用材不吝、结构坚实的某些特点，但在上海、天津、青岛等外阜商业新港，新出现的西洋家具日益趋热，使京式家具总体上趋向没落。

紫檀有束腰马蹄腿拐子纹嵌理石长椅

清 长127.5厘米 宽60.5厘米 高98.5厘米

（四）晋式家具

在清代众多的地方家具流派中，以山西地区为代表的晋式家具也是颇具特色。

与苏、广、京三地相比，晋式家具的特点是多以当地所产的核桃木、榆木、杨木等加工而成，用料硕大，结构坚固，体现出北方高大威武、浑厚朴实的造型风格。这是因为山西多处山区和丘陵地带，境内丘陵起伏，沟壑纵横，交通闭塞，岭南及江南等地名贵木材很难输入，当地核桃木、榆木、杨木等产出较多，虽不及紫檀、黄花梨、红木等名贵木材珍贵，但取之不尽，用之不竭，非常便利。加之当地民风淳朴，不论建筑抑或家具，都非常重视其实用功能。

因此，晋式家具以实用为第一要求，取材坚实，结构严谨，制作精细，纹饰粗大，外表装饰也多涂以棕色或黄色，外罩桐油，颇有乡土气息。但其中也不乏一定数量的髹漆家具，在家具制成后，体表部分裹麻批灰再髹以黑漆，之后再施以描绘、贴金、镶嵌等工艺，具有鲜明的装饰效果。

（五）宁式家具

宁式家具是指明清以来在宁波地区制作、流传的家具。主要流行于以宁波为代表的浙东地区，称为“宁式家具”，又称“甬式家具”、“宁波传统家具”、“宁波作家具”等。自清代以来，宁波地区的传统家具，逐渐盛行镶嵌工艺，尤其是牛骨镶嵌，表现出了较高的技艺水平，并形成了独特的地方风格。

宁式家具的品种与类型，吸收了苏式与广式家具的优点，秉承了浙东学派“工商为本，经世致用”的世界观和价值观，融入了宁波当地的工艺、审美趣味、风俗习惯，在材料运用、制作工艺、形制结构、装饰风格等方面有自身的独特风格。

从整体上看，宁式家具以紫檀木、花梨木、红木等优质硬木以及楠木、榉木、樟木等当地木料为主要用材，品种与类型主要是沿袭广式与苏式，以常用家具为主。以其严谨合理的组织结构、稳健朴实

黄花梨炕桌

清 长38.5厘米 宽73.5厘米 高26厘米

榆木酒桌

清 长98厘米 宽65厘米 高84厘米

的造型、光润圆滑的线条感、精致的拼接制作艺术，加之经济实惠实用美观而立足于清代江南家具之林，是一种民俗风格极为鲜明突出的民间传统家具。

除此之外，宁式家具以骨石镶嵌作为装饰手法也十分特别，不论大柜、条桌，还是凳椅，以骨石为材的装饰工艺十分普遍。

（六）其他地方家具

除以上诸多风格外，在我国古代家具史上，还有不少具有明显地方特色的家具流派。如以嵌压银丝为特点的山东鲁派家具、以西洋风格见长的海派家具、以名木镶嵌螺钿的明式家具、以编织穿插为主的湖北、湖南、江西竹木家具等等，不论材质和工艺均体现出某些地方特色，限于篇幅，本书不作另述。

五、以材质的不同分类

在我国传统家具中，以木质家具为主，但也不乏其他材质制成的家具。如以石为材制作有石椅、石凳、石桌、石案等等，还有以竹枝、竹竿、竹篾等竹质家具，还有以瓷土加工、烧制成形的瓷墩、瓷凳等瓷质家具。材质种类不一而足，充分显示了我国劳动人民利用自然资源，改变生活的能力和聪明才智。根据材质的不同，我国明清家具的种类又可以分为木质类、石质类、陶瓷类、藤竹类、漆木类、金属类、草编类等等。

（一）木质类

在众多明清家具中，以木材制作的家具为大宗，也最为常见，几乎充斥我们日常生活的方方面面。我国明清木质家具的用材，以其质地、结构、密度的不同，又可分为硬木家具和白木家具。其中硬木包括有紫檀、黄花梨、鸡翅木、铁梨木、酸枝木、乌木、花梨木等。这些木材色泽沉稳，纹理优美，质地坚硬细腻，这是明

红木镶青花瓷板插角屏背椅

清 高96厘米

红木嵌大理石单靠背椅(一对)

清 长52.3厘米 宽41.2厘米 高89.5厘米

清家具保持至今的一个主要原因。白木包括榉木、榆木、楠木、核桃木、黄杨木、樟木等。明清两代木质家具的用材大体相同，但明以黄花梨、紫檀、鸡翅木、铁梨木、榉木为多；制作之时，人们就充分利用木材本身的色调和纹理优势，发挥硬木材料本身的自然美，除了精工细作以外，大多不加漆饰和大面积装饰，从而形成了明代家具特有的审美趣味和独特风格。这也是明式硬木家具的一个突出特点。清以紫檀木为最上乘用料，酸枝木、鸡翅木、铁梨木亦有，黄花梨相对要少，广泛的有榉木、榆木、柞榛木、核桃木。下面介绍有关常用木材的特性：

1.紫檀

紫檀是我国明清家具中的名贵材料。关于紫檀我国最早的记载出自晋·崔豹的《古今注》，时称“紫檀木，出扶南，色紫，亦谓之紫檀”。在宋代《诸番志》和明代《博物要览》中把紫檀划归檀香类，认为紫檀是檀香的一种。《博物要览》载：“檀香有数种，有黄、白、紫色之奇，今人盛用之，江淮河朔所生檀木即其类，但不香耳。”又说：“檀香出广东、云南及占城、真腊、爪哇、渤泥、暹罗、三佛齐、回回诸国，今岭南等处亦皆有之。树叶皆似荔枝，皮青色而滑泽。”“檀香皮质而色黄者为黄檀，皮洁而色白者为白檀，皮腐而紫者为紫檀木，并坚重清香，而白檀尤良。”《诸番志》卷下说：“其树如中国之荔枝，其叶亦然，紫者谓之紫檀。”《中国树木分类学》介绍：“紫檀属豆科中的一种。约有

紫檀无束腰攒拐子花几（一对）

清 高86厘米 宽42厘米 厚31.5厘米

十五种，多产于热带。其中有两种产于我国，一为紫檀，一为蔷薇木。”王世襄先生的《明式家具珍赏》说：“美国施赫斯弗曾对紫檀作过调查，认为中国从印度支那进口的紫檀木是蔷薇木。”

植物学及木材学的最新研究成果表明，紫檀是一种优质硬木，中文学名为檀香紫檀，为亚热带常绿乔木，叶长约9～15厘米，多为3～5片，作椭圆形或卵形；树干多曲，木质甚坚，木之心材为橘红色，经长期氧化会成深紫或黑紫色，肌理间有条纹。紫檀是世界上稀少而贵重的木材之一，其主产地为印度南部及西南部山区，即印度东海岸的安德拉邦南部和泰米尔纳德邦北部地区。在我国民间俗称紫檀、小叶紫檀、牛毛纹紫檀等。

紫檀生长缓慢，弯曲者较多，而用以制作家具的仅用其心材，且有空洞现象，故极难成材，一般出材率仅为10%，高者

紫檀龙纹罗汉床

清乾隆 长202厘米 宽121厘米 高103厘米

达15%，其珍贵程度可想而知。紫檀的质地很细密，故分量较重，入水即沉。其心材色泽初为橘红色，木纹不甚明显，久则深紫色如漆，转为深紫或黑紫，常带浅色和紫黑条纹，几乎看不出年轮纹。

纹理纤细浮动，有不规则的牛毛纹，微有芳香。紫檀有新老之分，新者色红，如果将新料的木屑放一点在酒里，就会出现一道道血红色的丝条。老者色紫，水浸老者不掉色，但在酒中则呈现的是铁锈红色。紫檀家具深沉古雅，利用其自然特点，采用光素手法，不事雕饰，表现出庄重大方、沉静古朴的气质风度。

或因市场价值较高，近年来常有用其他木材通过改变颜色冒充紫檀者。改变颜色的方式诸如刷鞋油、刷高锰酸钾等，但其颜色会因木材坚实的质地而难以浸入，甚至会依附在表面。其鉴别方式简单的可用砂纸略加打磨即可辨别，也可用强光照射，其黑色区域和紫红色区域的边沿明显无过渡，与真正老紫檀木不同。另外，紫檀切面生有细而密的棕眼，犹如牛毛，称“牛毛纹”，时间一长就会产生角质光泽，有些角度观察紫檀，会有缎子一样亮泽的反光。可以通过仔细观察紫檀的“牛毛纹”，紫檀木经打磨加工后，形状弯曲犹如“S”形牛毛，有的相对较直，有的较弯，比较明显。一般来说“S”形牛毛纹越多、越细的紫檀，价值较高。

2.黄花梨

黄花梨是我国明代制作家具的主要材料。在明初王佐增订的《新增格古要论》中记载：“花梨出南番广东，紫红色，与降香相似，也有香。其花有鬼脸者可爱，花粗而淡者低。”在《博物要览》中写有：“花梨产交（即交趾）广（即广东、广西）溪涧，一名花榈树，叶如梨而无实，木色红紫而肌理细腻，可作器具、桌、椅、文房诸器。”明代黄省曾《西洋朝贡典录》载：“花梨木有两种，一为花榈木，乔木，产于我国南方各地。一为海南檀，落叶乔木，产于南海诸地，二者均可作高级家具。”书中还指出，海南檀木质比花榈木更坚细，可为雕刻用。清刊本《琼州府志·物产木类》：“花梨木，紫红色，与降香相似，有微香，产于黎山中。”《广州志》云：“花榈色紫红，微香，其纹有若鬼面，亦类狸斑，又名‘花狸’。老者纹拳曲，嫩者纹直，其节花圆晕如钱，大小相错者佳。”其“黄花梨”之名，源于我国著名建筑学家梁思成在20世纪世纪20年代考察古代建筑和明清家具时，发现其与近代制作硬木家具的“新花梨”相近，为示区别加一“黄”字而名，随之流传甚广，以致成俗。其名还有另外一种说法。是一种学名叫“海南檀”的树

黄花梨方角柜

清早期 长55.5厘米 宽37.2厘米 高76.7厘米

黄花梨笔筒

明晚期 直径12.3厘米 高15.3厘米

种，因其“心材红褐至深红褐或紫红褐色，深浅不均匀，常杂有黑褐色条纹”，“边材灰黄褐或浅黄褐色，心边材区别明显”，为示区别，即名“黄花梨”。

黄花梨学名为降香黄檀，主产于我国海南岛。俗名颇多，有花梨、花黎、花榈、降香檀、香红木等，也有为区别于越南产的黄花梨，称之为海南黄花梨的。

黄花梨为落叶乔木，树高约15～20米，树干分叉较低，枝干多弯曲，所以出材率也较低。明清之时用以制作家具所用的是黄花梨的心材。其心材颜色较多，有浅黄、橘黄、浅褐、红褐、深褐等色，一般新料油性轻，颜色较浅,老料多油性，呈

黄花梨嵌百宝花鸟纹大南官帽椅(一对)

明末清初 长62厘米 宽47厘米 高120厘米

红褐色、深红褐色、深褐色或紫红褐色，深浅不匀。

海南黄花梨木色大致有棕黄色和棕红色两类，其中前者分量略轻，纹理清晰流畅，一般有较强光泽，即便年久失蜡，稍加整理，就会闪着幽幽的光。而后者分量略重一些，纹理不如前者清晰，光泽感不甚明显。作为降香黄檀，海南黄花梨具有独特的香味，幽然淡雅，闻后有健体功效。纹理中还有独特的“鬼脸儿”，变幻莫测，玄妙无穷。

除海南外，还有越南、老挝、印度也产有花梨木，由于纹理相近，也常为伪工冒充产于海南岛的黄花梨。经比对，越南黄花梨与海南黄花梨的色泽纹理最为接近，但仍有差别。通常情况下，越南黄花梨颜色前者居多，油性较差，材质发干，肌理中的黑色条纹多浑浊不清，没有“鬼脸”或者很少，也不生动。总的来说，老挝产的花梨木质地细密坚硬，有香味，分量较重，北宋称之为越南黄花梨，是花梨木中的上品；泰国、缅甸等国产的花梨，有辛辣味。巴西花梨与非洲花梨有异味，材质次之。

3.红木

红木有广义和狭义之分。广义的红木是泛指清代至今用以制作家具的红色硬木。如清代赵汝珍在《古玩指南》中言：“凡木之红色者均可谓之为红木。惟世俗所谓红木者，乃系木之一种专名词，非指红色木言也。”而狭义的则专指酸枝木，是指产于东南亚地区如印度、泰国、越南、柬埔寨、老挝、缅甸南部、印度尼西亚等热带地区的豆科黄檀属木材，学名为奥氏黄檀、阔叶黄檀、巴里黄檀、交趾黄檀等。我国福建、广东、云南及南洋群岛也有出产，是常见的名贵硬木。在广东沿海一带俗称“酸枝木”。

红木转椅

清晚期 座面直径38厘米 高84厘米

酸枝木大体分为三种：黑酸枝、红酸枝和白酸枝。色泽有浅黄、金黄、橘黄、褐黄、紫红到紫褐色或紫黑不等，木质坚重，结构细腻，棕眼缜密，纹理质朴美观，有深褐色或黑色直丝状条纹，华美多变。在加工过程中发出一股食用醋的味道，故广东地区几乎都称之为“酸枝”。在三种酸枝木中，以黑酸枝木最好。其色与紫檀相近，木质坚硬，抛光效果好，故时常有人将其与紫檀相混淆。还有一些老挝的酸枝木近似紫檀，木色深红或黑红色，少数有玄色雀斑，纹理细密光滑。红酸枝纹理较黑酸枝更为明显，且顺直，颜色大多为枣红。白酸枝颜色较红酸枝颜色要浅，同为酸枝木，三者价格相差甚大。

一般地说，酸枝木材幅宽大，纹理既清晰又富有变化，木质坚硬且光亮，棕眼细长，剖开后闻起来有酸味，并有通直的条状光斑，芯材有深色髓线，其重量比黄花梨木重，比紫檀轻。有“油脂”的酸枝质量上乘，其结构细密，性坚质重，可沉于水。但形大且脆，雕刻不宜过细，与紫檀的适宜于精雕细琢不可相提并论。

清代的酸枝木家具很多，尤其是清代中期，不仅数量多，而且木材质量比较好，制造工艺也多精美。在硬木当中，酸枝木的木质仅次于紫檀，但酸枝木产量大，得之较易，所以世人视红木（即酸林木）不如紫檀贵重。由于酸枝木产量多，所以用酸枝木制器物多取其最精美的部分，疵劣者决不使用。如清乾隆以后的高档家具多数为酸枝木。因此，酸枝木制作的家具仍不失为上等家具。

鸡翅木文房小橱

明 长54厘米 宽29厘米 高73.5厘米

4．鸡翅木

鸡翅木，因其心材的弦切面上的木纹均呈“V”字形，形如鸡翅而得名。

鸡翅木主要产于东南亚，我国广东、海南等地也有出产。明末清初著名学者屈大均在《广东新语》把鸡翅木称为“海南文木”。其中讲到有的白质黑章，有的色分黄紫，斜锯木纹呈细花云。

鸡翅木又称“杞梓木”，肌理细密，木质硬，紫褐色纹理深浅相间交错，纹理清晰秀美，木材微有香气，生长年轮不明显。因质地坚硬，苏州工匠有称“木里含沙石”之说，破料时常常打锯，所以也叫它“砂石木”。匠师们在制作家具时需反复衡量每一块木料，尽可能把纹理整洁和色彩优美的部分用在表面上。优美的造型加以色彩古艳的木纹，能使家具增添浓厚的艺术韵味。

鸡翅木南官帽椅

明 长52厘米 宽41.5厘米 高94厘米

榆木联二橱闷户柜

清 长96厘米 宽54厘米 高80厘米

鸡翅木没有新老之分，只有产地之分，如非洲的鸡翅木木质粗糙，紫黑相间，纹理浑浊不清，木丝容易翘裂起茬。

以鸡翅木制作家具多在清代。清中期以后，家具用老鸡翅木的甚少。目前所见之鸡翅木，绝大部分为非洲鸡翅木，颜色偏黄，木质不够细腻，分量也较轻，极易辨认。

5．榆木

榆木属榆科，亦称“白榆”，广布性树种，产于我国的平原地区，遍及北方各地，尤其黄河流域，随处可见。树高大，木性坚韧，纹理直，硬度与强度适中，以之为材，耐腐朽，易于加工和雕刻，一般透雕浮雕均能适应，刨面光滑，弦面花纹美丽，有“鸡翅木”的花纹。经烘干、整形、雕磨髹漆，可以制作家具及精美的工艺品。我国山西、山东、河北、京津等地民间家具多以此木制作而成。以榆木制作家具尤以张家口一带和山东境内黄河两岸为最佳，制作的家具在北方家具市场也随处可见。

尽管深受欢迎，榆木尚有许多不足之处。榆木有新老之分，新榆木不易干透，以新榆木制作的家具易变形、开裂，易生虫、收缩严重，而老榆木家具则生有虫眼，也有变形的情况，再者榆木结构稍粗，棕眼显著，花纹较大，不易进行精雕细刻。

因与红木等相比较软，人们常将榆木

榉木瓜棱腿圆角柜

清早期 长48厘米 宽90厘米 高167.2厘米

归为柴木或软木类。

6.榉木

榉木属榆科，在我国产于南方江、浙等地，写作“椐木”或“椇木”，在苏州地区以之为材制作家具十分普遍。又因树龄不同造成了颜色和密度的差异，所以江苏工匠常把榉木分成黄榉、红榉或血榉。

榉木木材坚致，色泽兼美，纹理层层叠叠，如山峦重叠，比榆木纹理更丰富，苏州工匠称其为“宝塔纹”。在明清家具用材中，榉木用途极广，自古受人重视，在家具木材中占有重要地位。

榉木在江浙分布较广，在家具行内不属华贵木材，但因其质地坚实均匀，体重，坚固，抗冲击，蒸汽下易于弯曲，可以制作各种造型，便于钻钉，又有美丽的大花纹，且色调柔和，素为匠师和收藏家重视。

明清榉木家具多为明式，造型及制作手法与硬木家具基本相同，具有相当的艺术价值和历史价值。在明清家具中占重要地位。

7. 瘿木

瘿，即“树瘤也，树根”。瘿木家具即以树木的疤瘤及树根为材制作的家具。

瘿瘤如何形成尚未得知，但人们对瘿瘤部位生成的纹理产生了浓厚的兴趣，并以之为材，加工成板状，制作成各种家具的面板或者心板，纹理奇特，十分美观。

瘿瘤会在很多树种上看到，通常生成于树干之上，形象丑陋、怪异，令人生厌。但破为板材之后，其中的纹理则如旋转的细密花纹，如影如幻，非他材所能见，故而历来受人喜爱。树之瘿瘤少有大材，寄生的树种也很多。有楠木、花梨木等，纹理虽大致相近，但又有不同。常见的如下：

楠木瘿——木纹呈山水、人物、花木、鸟兽状。

桦木瘿——俗称桦树包，呈小而细的花纹，小巧多姿，奇丽可爱。

榉木圈椅

明 长55厘米 宽42.5厘米 高93厘米

瘿木画箱

明 长91厘米 宽58厘米 高32厘米

花梨瘿——木纹呈山水、人物、鸟兽状。

柏木瘿——呈粗而大的花纹。

榆木瘿——花纹又大又多。

枫木瘿——花纹盘曲，互为缠绕，奇特不凡。

因少有大材，瘿木常用以装饰家具的重要部位，如台面、桌面等。古来应用也较多。如明代谷泰所著《博物要览》卷十载："余昔于重庆余子安家得桌面，长一丈一尺，阔二尺七寸，厚一寸许，满面胡花，花中结小细葡萄纹及茎叶之状，名满架葡萄。"

明清家具中，瘿木的应用也十分广泛，但均为小件。

8.铁力木

铁力木又作"铁梨木"、"铁栗木"。是较大的常绿乔木，树干直立，高可达十余丈。原产东南亚，我国两广皆有分布。《广西通志》谓铁梨木一名"石盐"，一名"铁棱"，木性坚硬而沉重，呈黑紫色。《南越笔记》载："铁力木理甚坚致，质初黄，用之则黑。梨山中人以为薪，至吴楚间则重价购之。"

因树木高大，易出大材，故常用于大件家具的制作和加工；又因材质较硬，又有花纹，所以有时将其用在受力的家具后背上，有时用在耐磨的屉板及抽屉内部等。凡用铁梨木制作的各式家具都极为经久耐用。

9. 楠木

楠木属樟科，我国南方诸省均有出产，主要分布在四川、贵州、湖北和湖南等亚热带地区。其种类较多，主要有雅楠和紫楠。前者为常绿大乔木，产于四川雅安、灌县一带；后者别名"金丝楠"，产浙江、安徽、江西及江苏南部。长江以南发现30多种楠木树种，尤其集中在西南。

楠木树高在10米左右，直径在50到100厘米之间。其生长缓慢，成为栋梁之

楠木高束腰回纹马蹄腿霸王枨炕桌

清 长97厘米 宽51厘米 高43厘米

楠木四平马蹄腿六屉书桌

清早期 长162厘米 宽60厘米 高85厘米

柏木圆角柜

清早期　长69厘米 宽40.8厘米 高107.5厘米

材要上百年生长期，树干直，木质耐腐，无收缩性，易加工，寿命长，色浅橙黄略灰，纹理淡雅文静，质地温润柔和，常用于建筑及家具。用途广泛。

因其木性稳定，不易开裂，遇雨有阵阵幽香，且易干，纹理细腻，打磨后表面会产生一种迷人的光泽，常被称作“金丝楠木”，明代宫廷曾大量伐用楠木用于建筑和家具。在明代文献里，楠木常常被提到，一是用做家具，常用以制作柜子、书架，也可用来装饰柜门或制作文房用具。又因极为耐腐不蛀有幽香，常被用来做建材或造船。常用于文渊阁、乐寿堂、太和殿、长陵、皇家藏书楼等重要建筑的修

柏木二门书柜

清早期　长108厘米　宽57厘米　高205.5厘米

建，并常与紫檀配合使用制作金漆宝座和室内装修等。如现今故宫及京城诸多上乘古建筑多为楠木构筑。

近年来，缅甸产的一种楠木，俗称“黑心木莲”，进入国内木材市场，直径大到150厘米，树干直，稳定性好，可以用来制作家具、画框、木匾等。颜色经氧化后为金棕色。

10. 柏木

柏木有扁柏、侧柏、罗汉柏等多种。一般分布在海拔1300米以下的石灰岩山地。在我国，柏木主要分布在长江流域的浙江、福建、江西、湖南、湖北西部、四川北部、贵州中东部、广东北部、云南东南部及以南地区。属常绿乔木，树高达30米，其材质纹理直，结构细，耐腐，可作为建筑、车船和器具等用材。

柏木在我国有南北之分，南柏质地优于北柏，其色橙黄，肌理细密匀称，质

核桃木坐墩

清　高46.5厘米

地细密，比较耐水，多疤节。其性不翘不裂，耐腐朽，适用于作雕刻板材，是硬木之外较名贵的材种。

柏木有香味，味可安神补心，亦可入药。如漫步柏林，幽香阵阵，足以荡涤心魄。以之为材制作家具，一则取其不腐，二则取其幽香，常置厅堂，沁人心脾。

11. 核桃木

核桃木在中国北方、南方均有生长，其中又以我国东北地区质地最好，为东北三大名木之一。

核桃树因有食用和取材功用可分为食用核桃树和取材核桃树。前者是一种落叶乔木，可生长到20米高，多分布在我国山西吕梁、太行地区，是以食用核桃为主，俗称“真核桃树”；而后者则取木为材，用以制作家具和制作工艺品等，这种核桃木硬度中等至略硬重，纤维结构细而均匀，有较强韧性，特别是在抗震动、抗磨

损方面性能优良，具有一定的耐弯曲、耐腐蚀性，因此也常用来制作高档家具，在国外还制作高档车的面板。

核桃木木性稳定，不易干燥，切面有细密似针尖状棕眼，并有浅黄细丝般的年轮。色泽趋于金褐色或红褐色，心材呈红褐色或栗褐色，有时甚至带紫色，经水磨烫蜡后会有硬木般的光泽。其质细腻无比，易于雕刻，色泽灰淡柔和。明清时期均有木质品，且多为上乘佳作。

12．杉木

杉木亦称“沙木”。有冷杉、水杉、紫杉、柳杉、池杉等，种类极多，产地也广。属常绿乔木，树高可达30米以上，一般生长在海拔2000米以上的地区，在我国大部分地区多有生长，是我国普遍而重要的商品木材。

杉木材质轻韧，结构均匀，纹理通直，不翘不裂，不变形，强度相差小，耐腐蚀，常作为髹漆家具的胎骨。一些硬度较强、密度较大、肌理较均匀的品种则用以制作家具。因具香味，还能祛虫耐腐，

柞榛木有束腰马蹄腿小方凳(一对)

清 长41厘米 宽41厘米 高48.5厘米

也常用作建材。

13. 桦木

桦木主产于我国东北、华北地区。其纹理直，色淡白微黄，材质结构细腻，质地软硬适中，富有弹性，打磨后柔和光滑，但纤维抗剪力差，易“齐茬断”，干燥时易开裂翘曲，不耐磨。在家具制造中也有使用，其加工性能较好，切面光滑，故常用于雕花部件，油漆和胶合性能也很好。在东北地区较为多见，但成材后多变形，一般配合其他木材使用，绝少见到桦木全材制成的桌椅。

其树皮因富有韧性，柔韧美丽，当地人常以之为材制作各种工艺品。

14. 杨木

杨树是我国常见树种，在我国南北方均有广泛种植，其适应性广，年生长期长，生产速度快，价廉易得。

其木材结构细密柔软、疏松、性稳，材质相对较差，但其打磨后，手感光滑细柔，有缎子般的光泽，体轻，在古家具上多作为榆木家具的附料和大漆家具的胎骨使用。

15. 樟木

樟树在我国江南各省都有，属常绿乔木，树径较大，材幅宽，花纹美，主产于长江以南及西南各地，以台湾福建盛产。

樟木表面红棕色至暗棕色，横断面可见年轮，质重而硬，常年散发着浓烈的香味，味清凉，有辛辣感，可祛虫避腐，故而，在古代人们常取之为材，制以衣箱、衣柜，书柜等，以防虫蛀。也有部分桌椅几案类家具。

（二）石质类

专指以石材为主或全部使用石材制作的家具。其种类主要有石桌、石案、石凳、石椅、石墩、石床，石灯、石架等，一般常设于户外露天之处，或为树荫之下，或为竹林之间，每临燥热时日或坐或卧，十分惬意。石质家具也有利用石材质

樟木案桌

清 长156厘米 宽42厘米 高90厘米

石墩

明 直径75厘米 高80厘米

竹藤制圈椅（一对）

清 长53.5厘米 宽43厘米 高105厘米

坚耐磨、纹饰美观制作家具的。如以大理石制作方桌、圆桌的桌面，既稳重坚固，又美观实用。也有将其作为屏风者。如以湖南祁阳石以及玉石、云石等为材料，经过雕镂磨刻制成图案纹饰美观的屏心，置之于几案之侧，颇有雅趣。

石质家具在我国起源很早，早在商周时期就有使用，如在河南安阳曾出土有殷商时期的石俎，其色洁白纯净，形状大致与现今的几案相似，面作长方形，下承长方形板足，足面阴刻有饕餮纹。至明清时期，石质家具较为多见，且取材纯净，装饰繁杂，雕琢细腻。如现今故宫所见就有各式石质的须弥座，可管窥豹斑。

（三）**竹藤类**

竹藤类家具是指各种竹竿、竹条、竹

香妃竹漆面香几

清 长25厘米 宽25厘米 高72厘米

篾和棕榈藤枝为材制作的家具。

竹藤均为我国南方诸省盛产之物，尤其是分布于长江流域及华南沿海地区的湖北、湖南、安徽、四川、浙江、福建和广东等地，取材便利，取其柔韧之特性，以之为材制作家具。

竹器在我国使用极早。早在战国《尚书·禹贡》中就有曰："贡篚百物，世世以饶。"至明清，竹器的使用非常普遍，有的以雕刻为主制作笔筒、臂搁、人物等小件，有的以竹篾编制各种器物等等，竹质家具也不在少数。在明代万历年间刻本《玉簪记》中，就表现有两名妇女坐在湘妃竹制作的梳背椅上的插图，可见明代竹质家具已经非常成熟。清代竹质家具的生产更为普遍，不仅在清宫中多有使用，还作为出口商品远销海外，对当时欧洲家具还产生了一定影响。

明清竹质家具的制作常以圆竹、片竹和丝竹多种形式存在，其中以圆竹制作的家具，多以打孔、插装、拼接组合而成，多见有竹榻、竹椅、竹凳、书橱等；片竹则多做单片雕成臂搁、墨床等，也有拼贴在其他木制家具表面的；竹篾类则多配合家具的功能在榻、椅、凳、床等面上使用，坐卧其上，冬暖夏凉，柔软舒适。如《清宫十二美人图》中就有以湘妃竹制成的书桌、玫瑰椅和坐墩的案例。也有以圆竹穿插成器，辅以竹篾制作屏风、扇子等物的。

或因竹质家具性直，不宜高温高热，极易纵贯开裂，且质脆易蛀，难以长期保存，故至今遗存甚少，亦不被人们所注意。

藤是一种多刺的棕榈科攀援植物，多分布在热带森林中，现今许多北方地区也有种植，其种类有广藤、土藤和野生藤等。可加工成藤条、藤芯和藤皮等部分，藤条用于制作支架和框架，藤皮则用于编织。

藤质家具在我国也有悠久的历史。汉代以前，高足家具还没有出现，人们坐卧用家具多为席、榻，其中就有藤编织而成的席，藤席和竹席总称"簟"，是当时较高级的一种席。《杨妃外传》、《鸡林志》、《事物纪原补》等古籍中，都有对藤席的记载。自汉代以后，由于生产力的发展，制藤工艺水平的提高，我国藤质的家具品种日益增多，藤椅、藤床、藤箱、藤屏风、藤器皿和藤工艺品相继出现。中国古籍《隋书》出现以藤为供物，在唐代敦煌壁画上，我们可以清楚地看到鼓墩、莲花座、藤编墩等器。明朝正德年间编撰的《正德琼台志》及随后的《崖川志》记述了棕榈藤的分布和利用。福建泉州博物馆明朝的郑和下西洋的沉船上保存着藤家具，这些都证实当时中国的藤家具发展水平。在现存精美的明清家具中，也有座椅是藤编座面。

据清光绪年间出版的《永昌府志》和《腾越厅志》记载，滇西腾冲等地对棕榈藤的利用可追溯到唐代，迄今已有1500年的历史；在滇南，据清《元江府志》和民国《续新编云南通志》记载，棕榈藤的利用开始于清朝初期，迄今也已有400多年的历史。

藤质家具主要有支架类和编织类。但一般多为两种工艺结合使用。

支架类主要用较粗的藤条经热弯和锯口弯两种形式，弯曲成需要的形状，然后

黑漆描金双龙纹药柜

明万历 长78.8厘米 宽57厘米 高94.5厘米 故宫博物院藏

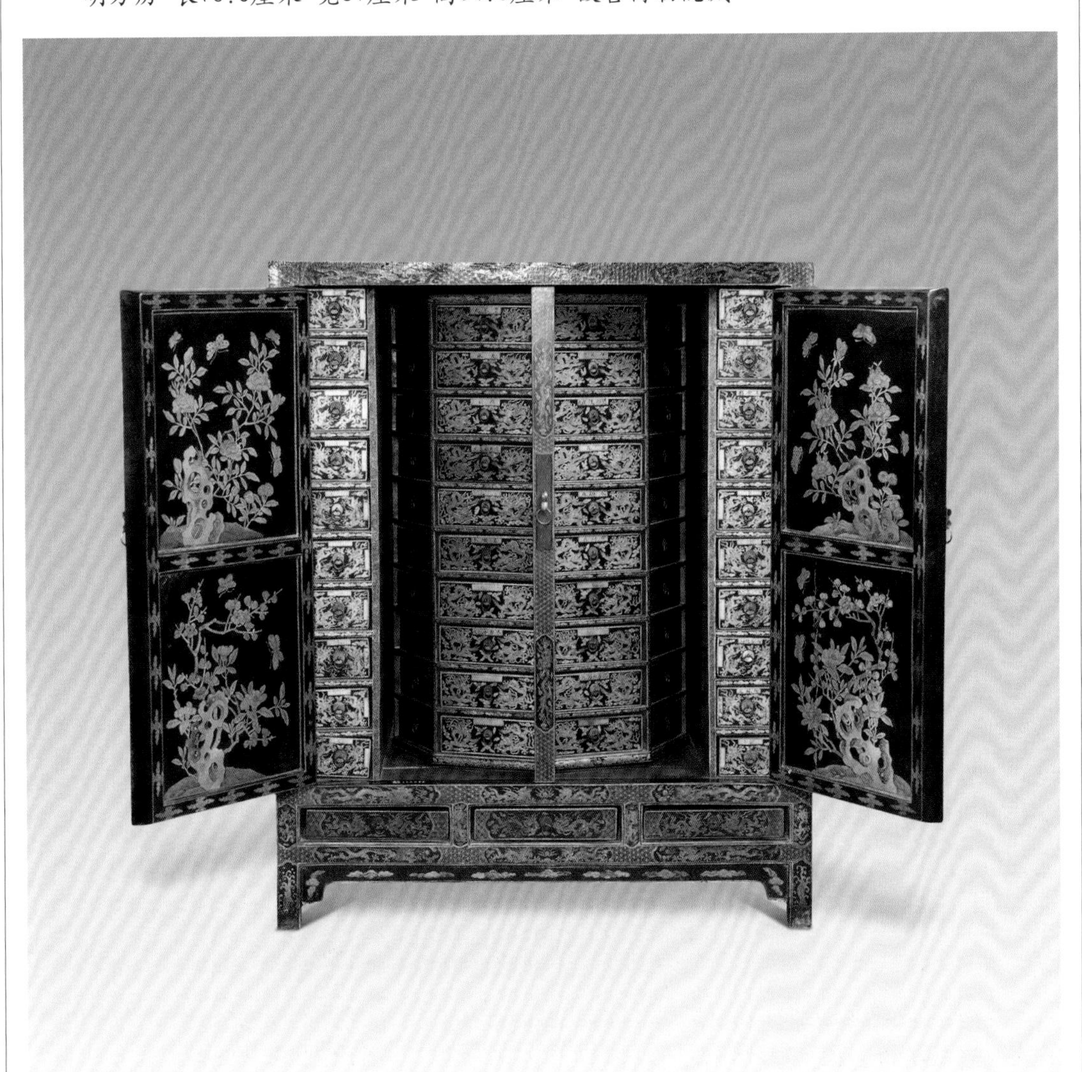

黄花梨书柜

明 长77厘米 宽44厘米 高130厘米

以藤皮缠扎连接处，使之成为框架结构。然后再以藤篾、藤丝在支架上编织织面形成完整的实用性家具。除以藤条作支架外，也有以各种木材作支架的，而且为数不少。

藤质家具的主要类型是椅凳类、床榻类、屏蔽类等。如凳椅的藤面，以藤条为框架、以藤丝编织成座面、靠背的藤质圈椅等等。其造型稳重，移动轻盈，灵秀文雅，坐靠时可使人的臂膀倚着圈形的扶手，感到十分舒适，颇受人们喜爱。

（四）漆木类

漆木家具是我国传统家具的一个大类，其发展几乎涵盖了从原始社会一直到明清时期我国古代家具的整个发展过程。因其几乎都是以木为胎，并在外表施以各种髹饰工艺而后成器，故名为“漆木家具”。漆木家具也属漆器的一类。

我国漆木家具最早由漆器发展而来。据史料记载，我国以漆制作家具的时间大约是在公元前8～前5世纪的春秋时代，而古代漆器的第一个黄金时代出现在战国时期，在当时出现了彩绘漆床、漆几、漆俎、漆箱等低矮型家具。典型的漆木家具有1978年湖北随县曾侯乙墓出土的“黑漆朱绘鸟足漆案”等。秦汉以后，漆器及漆木家具又经历了隋唐五代、宋元，工艺进一步完善，至明清，我国古代漆木家具发展形成一个新的高峰。

依外在特征及工艺的差别，明清漆木家具大体可以分素色漆家具和彩绘家具两种。

前者是在木胎的基础上，经抹灰、披麻、髹漆等多种工艺，始终以一种颜色的大漆髹涂完成。其工序有多有少，所用大漆常见的颜色有红、黑、绿等，其中尤以红黑最多。有的还以两种色漆分层髹饰，最后再施以雕剔，以显示两者分层组成的美妙图案。

彩绘家具就是在前者的基础上，以其他颜色的调漆或者以金、银、铜粉调制成漆，在家具的各主要面上描绘出美观的纹饰或者图案。常见的纹饰有山水、人物、花鸟、诗词书法等。最后在施以清漆加固。有的还在表面镶嵌以玉石、象牙、贝壳及各色彩石，组成颜色丰富的图案，十分华丽。

值得注意的是，漆木家具一般多用软木作胎，如榉木、杉木、松木等，鲜有硬木为胎者。其造型也非常丰富，有桌案、凳几、橱柜、屏风等。明清时期，我国的漆器和漆木家具工艺非常发达，各种技法都非常成熟，用于家具髹饰，或单色纯正，或五彩缤纷，形成绚丽夺目的装饰效果。

（五）陶瓷类

即以陶土、瓷土经沉洗、拉坯、描绘、焙烧而成的家具，或以陶瓷为主要装

红木四平式炕桌

清 长95.5厘米 宽32厘米 高32厘米

红木书柜成对

清 长87.3厘米 宽41厘米 高175厘米

饰表现的家具。

陶瓷在我国也具有悠久的历史，其使用广泛，造型丰富，属日常生活常用之器。在清代以景德镇为烧造中心，名盛中外。陶瓷家具以瓷质为多，如室内的坐墩，镶嵌瓷面、瓷画的桌案、屏风等；明清常用的瓷质家具极为少见，仅见于各种

青花缠枝花卉纹瓷凳

清 胸径27厘米 高49厘米

桂花砂彩绘西番莲纹绣墩

清 胸径37厘米 高44厘米

图文资料。如《清宫十二美人图》其中的两幅中就各有描绘有青花釉彩坐墩和郎窑红坐墩各一个，其中青花坐墩四面开光，肤色明艳。或是难以保存，明清瓷质日常家具遗存极少，而大多为小件文房之器，如笔筒、镇纸、砚屏、水盂、砚滴等等。

（六）金属类

我国金属家具最早出现于春秋战国时期，时以青铜为材，铸有礼器、兵器、车马器、衡器、钱币、印鉴等，其中亦不乏日常所用的青铜俎、青铜案、青铜灯等。典型的如1977年河北中山王墓出土的“镶嵌龙凤方案”，通体错有金银纹饰，华丽异常。

（七）草编类

是由韧性较好的一些香蒲草、芦苇、玉米草等天然之物材料经手工编制而成的日常用具。早在汉代，人们席地而坐，座下铺的就是一种用草编织而成的莞席。草类编织物一般取其质地天然，触之不凉，轻便简易的特点。如寺庙中所见的蒲团等。

六、以结构的不同分类

（一）板式家具

即家具的结构形式由多个面板拼装而成。典型代表如造型各异的各式箱、柜、橱等，四周以板面封闭成器，以防鼠隔尘，具有一定的私密性。除以上外，各种座屏、挂屏、围屏等有的也是以板状结构出现。

（二）框式家具

是指由各个立柱、横梁相互穿插构成的通透性家具。典型代表如书架、亮格、博古架等。

（三）组合家具

是指以上两种结构组合而成的家具，此种结构造型种类有很多，典型的如各种桌案、床榻、架几等等，多先围以框架，内装板材，最终再通过各种榫卯插接相连成器。

七、以时代的不同分类

我们知道，中华文明历经五六千余年的发展和传承，期间经历了夏商周、秦汉三国、隋唐五代、宋辽金夏、元明清等历史时期，也缔造了各不同时期、诸多领域的辉煌。在家具领域里，我国古代家具也具有不同的时代发展特征，根据这些特征我们又可分为矮足型家具时期、高足型家具时期和高足型家具鼎盛时期、衰落时期。其中矮足型家具时期包括史前至魏晋南北朝时期，高足型家具时期包括隋唐至宋辽金元时期，高足型家具鼎盛时期则包括明清两代，民国时期则是高足型家具的衰落时期。尽管如此，很多人还是习惯将高足家具发展鼎盛的明清时期与前两者加以区别，分为高古家具和明清家具两个发展阶段。

（一）高古家具

由前文得知，夏商周时期是我国古代家具的初始阶段，虽然当时社会生产力非常落后，但人们已具备了掘地为窟、覆草做顶，加工建造半地穴式的居住环境的技术。至商晚期，人们开始以树枝为骨抹泥筑墙，以树枝茅草覆为屋顶，修建院落式建筑。典型的如商晚期的殷墟宫殿，虽贵为一国之主，但建筑亦非常简陋。商周至秦汉时期，青铜器大量出现。作为祭祀

玉座屏

东汉　长15.6厘米　宽6.5厘米　高16.9厘米　1969年在河北省定州市北陵头村中山穆王刘畅墓出土

三彩钱柜

唐　高22厘米　郑州市华夏文化艺术博物馆藏

重器，青铜器不仅在礼仪活动中出现，而且在日常生活中也偶有应用。这一时期，人们席地而坐，一些简单的草编类和木质家具出现，如席地而坐的草席、凭靠的三足凭几等。这些供席地起居的低矮型家具，较低

矮，无固定位置，可根据不同场合而作不同的陈设。家具的功能性不断加强。

魏晋南北朝时期，人们虽然仍习惯席地而坐，但在各民族、各教派之间文化艺术的交流中，异族所用的胡床已在中原民间渐趋普及开来，并出现了多种形式的高坐具。之后，席地而坐的低矮型家具逐渐向垂足而坐的高足型家具发展，从而给传统起居方式带来冲击，进而给传统家具的制作也带来了一定的影响，出现高型家具的萌芽，到五代时期，已基本进入了高坐垂足起居的新时代。宋代是家具艺术的繁荣时期，北宋以后中国高型家具逐渐走向成熟，并得到迅速的发展，高型家具的种类又有所增加，品种基本齐全，同时在制作手法上也有不少的变化，各种装饰手法开始使用。尽管如此，与明清时期的家具相比仍有许多不足和亟待改进的地方，加之遗存至罕，故而人们称之为“高古家具”或“古代家具”，以区别于造型完美、材质精良的明清家具。

黄花梨雕螭龙纹琴几

清 长108厘米 宽39厘米 高40厘米

（二）明清家具

明清时期是我国古典家具的鼎盛时期。由于手工业的进步、海外贸易的发展、资本主义萌芽的出现等社会因素，使得明代至清初我国古典家具的发展形成一个高峰。在明代，家具种类不仅齐全，款式繁多，而且用材考究，造型朴实大方，制作严谨准确，结构合理规范，逐渐形成稳定鲜明的“明式”家具风格，也是中国古典家具进入实用性、科学性阶段的重要标志。这时期家具不论从制作工艺，还是艺术造诣，都达到登峰造极的程度，成为世界家具艺术发展史上最具艺术感染力的精品。而至清代，我国古典家具更是进一步发展。在清代早期的康熙前期，家具基本仍保留有许多明代的风格和特点。但自清雍正至乾隆晚期，由于社会的进一步发展，清代家具就形成了造型庄重、雕饰繁重、体量宽大、气度宏伟的清式风格。这一时期是我国古典家具繁荣的最后一个时期。

然而，至清代末期，由于国力衰败，国内战乱频繁，加上帝国主义的侵略，各项民族手工艺均遭到严重破坏，使得我国古典家具进入衰落时期。这一时期，随着外来文化的侵入和融合，使得清末至民国时期出现了中外互用、古今结合的新特点，也出现了许多具有西洋式样和装饰风格的新式家具，清式家具逐渐消退，我国古典家具艺术也每况愈下。据此，也有人认为，民国时期虽是时代产生了变化，但家具仍可算作我国古代家具最后的一抹余晖，将其列为我古代家具发展时期中的清末民国时期。

第三章 明代家具风格特征

古代家具是我国传统艺术文化中的一颗璀璨的明珠。

古代家具存在的价值不仅仅限于实用，更为重要的是它是中国文化的重要组成部分。人类使用家具的历史非常久远，在特定的历史时期下，我国古代家具形成的各自不同的艺术风格，与文学、书法、绘画等其他艺术一起综合反映出了不同历史阶段的生产发展、生活习俗、观念意识、审美情趣以及科学技术和物质的发展水平。其自成体系，民族特点鲜明，风格突出，是中华民族的优秀遗产，是全人类的共同财富。

迄今为止，我们发现最早的、最完整

黄花梨无束腰攒罗锅枨马蹄腿画桌

明末清初 长146厘米 宽74厘米 高83厘米

的家具遗存属战国时代。古代家具发展的历史可谓悠久，但我国古代家具到宋代才定型，而我们今天能见到的古代家具，则主要是明清两代的制品。

明清时期，我国古代家具风格典雅、朴实大方、造型简练、线条流畅，是中国古代家具的黄金时期。在明清近600年的历史中，这一时期的家具比以往任何时期的种类都更丰富，质量更上乘，更集中地体现了传统家具的美妙绝伦。

明清家具在我国古代家具发展史上占有极其重要的地位。明清两代的家具，不仅具有各自鲜明的时代特色和地域风格，而且在使用功能、造型结构、制作工艺和装饰手法等诸多方面均取得有辉煌的成就，形成了中国古典家具空前繁荣的局面。在现存的明清家具中，也各自集中体现出其精湛的工艺价值、极高的艺术欣赏价值和沉重的历史文化价值。我们试从以下几点分别进行论述。

一、明代家具与明式家具

明代自公元1368年由明太祖朱元璋始建，至1644年明思宗朱由检自缢于煤山而亡，历时276年。初期定都于应天府（今南京），后由明成祖朱棣迁都至顺天府（今北京），改应天府称为南京。通过南征北战，明朝疆域辽阔，并将台湾收归版图之内，势力影响到了整个亚洲和非洲东岸。

明朝是我国继汉唐、两宋之后的又一个盛世，经洪武、建文、永乐三朝励精图治，至明宣宗的近百年间里，其疆域辽阔，国力强盛，经济发达，文化繁荣，外贸开放，科技发展很快，一派盛世景象。

朱棣

明成祖（1360年～1424年），明朝第三位皇帝，明太祖朱元璋第四子。

明代是相对于各历史朝代以统治阶层所用国号的一种分期方法。而明代家具是专指明统治者建元以来直至明亡这一时间段内生产使用的各种家具，也是自汉唐以来我国古代家具历史上的又一个兴盛期。这一时期，我国古代家具的造型、材料、工艺、装饰等，都已达到了尽善尽美的境地，具有典雅、简洁的时代特色，是我国家具史上的黄金时代。

明代家具有广义和狭义之分。

狭义上的明代家具是指明代建元之始至明朝灭亡这一时间段内各地生产使用的家具，虽然也包括明亡以后的家具遗存，但很多人还是习惯于以时间为单位以区别于其他时期的家具。而广义上的明代家具不仅包括狭义上的明代家具，还包括具有明代家具特征的清代早期家具，甚至还包括现今以硬木为材、按照明代式样仿制的现代家具，是一种不仅仅局限于时空时段的家具的泛称，是一种家具艺术的概念。因其在制作工艺和造型艺术的卓越成就，

黄花梨夹头榫小画案

明末　长101厘米 宽73厘米　高82厘米

黄花梨一腿三牙方桌

明末 长97厘米 宽97厘米 高83.5厘米

以至被后世奉为家具中的精粹和典范，并冠誉为“明式家具”。于是，就有了“明式家具”和“明代家具”两种概念。

因此，很多人认为，广义上的明式家具是以狭义的明代家具为基础建立的，是在狭义上的明代家具的发展过程中进行归纳和总结形成的，应该称之以明代家具；但也有人认为，在明以后的清代乃至现今仍有大量明代家具遗存，故而也不能机械地以生产时间为界限将其排除在明代家具范畴之外。而对于本书而言，我们不仅要弄清“明式家具”和“明代家具”两者概念上的区别，而且还要结合两者的特点，对明代家具形成的历史背景、结构特征、材料特征、榫卯结构以及其艺术成就等进行阐述。

鉴于此，我们认为有必要说明的是，明代家具具有特定的含义和标准，与明式家具有着本质的区别。对于本书而言，文中所指的明代家具或者明式家具当为明代至清代早期生产使用，且具有明代家具特征的所有家具。尽管清中期以后乃至现今仍有明式家具生产和使用，但均不包括在本文阐述范围之内。

为便于论述，以下均以明代家具之称进行论述。

二、成就明代家具的背景和因素

明代家具在明代政治、经济、文化、海外贸易等因素的作用下，在南宋经济文化繁荣之地的江南地区，经过不断的变化、演进和发展，进入了我国古代家具的完备、成熟期，并形成了独特的风格。

黄花梨有柜膛大圆角柜

明末 长90厘米 宽50厘米 高180厘米

南宋时期，政治中心地处江南，政局相对稳定，自然条件较好，故而聚集了大量来自北方的劳动力和先进生产力，加之商业经济发达，奠定了江南地区成为整个社会经济的重心地位。此时的家具在工艺、造型、结构、装饰等方面也日趋成熟。这种情况一直延续到了明初。受发达的经济文化商业遗风的影响，江南地区名商巨贾云集，文化荟萃，手工业、商品经济持续发展。江南的热闹繁华在明人所绘的《南都繁会图卷》中得以生动再现。时南京城内军民官吏2.7万余户，估计近20万人口，人烟稠密，住宅连廓栉比。《南都繁会图卷》就生动地描绘了当时南京的盛况。画面从右至左，由郊区农村田舍开始，以城中的南市街和北市街为中心，表现纵横的街市，市面店铺林立，标牌广告林林总总，车马行人摩肩接踵。画卷在南都皇宫前结束。这卷图画，绘制有1000多个职业身份不同的人物，描绘有109个商店的招幌匾牌，充分反映了明代城市社会经济和社会生活的深刻变化。江南的苏、松、嘉、湖、杭地区成为中国经济最发达的地区，这里的手工业极度兴盛，市场商业高度繁荣，这种局面一直持续到清朝中期。经济的繁荣也让这里成为文化的中心。很多学派纷纷诞生，江南著名的吴门画派、乾嘉学派、泰州学派等就诞生于此

《南都繁会图卷》（局部）

明 仇英 绢本设色 长350厘米 宽44厘米 中国国家博物馆藏

全称“南都繁会景物图卷”。描绘的是我国明朝晚期南京城繁华、富庶、热闹的市井生活画面。画面中，流淌千年的秦淮河犹如一部浩瀚的大书见证了六朝古都的兴衰沉浮。周处台、芥子园、朱雀航、长干里、古凤凰台、赏心亭、石头城……100多个文化遗址，270多个典故纪闻，散落在运粮河口到三汊河15.6公里的秦淮段沿岸。画面中街市纵横，店铺林立，车马行人摩肩接踵，佛寺、官衙、戏台、民居、牌坊、水榭、城门，层层叠叠；茶庄、金银店、药店、浴室，乃至鸡鸭行、猪行、羊行、粮油谷行，应有尽有。河中运粮船、龙舟、渔船往来穿梭，还有从内秦淮河拐出的唱戏的小船……盛况空前。

时期。在这种大背景下，明代早期家具在江南地区应运而生，形成特色，即以苏州家具生产为代表的“苏作”明代家具。

而至永乐十九年（1421年），随着明成祖朱棣迁都至顺天府（今北京），明朝的政治、经济、文化中心北移。为营建明代宫廷建筑及内部陈设，大量优秀工匠随之北上，汇集京师，为后来“明式”家具风格的形成储备了技术条件。明中期以后，随着造船业的发展，海外贸易交流频繁，沿海地区外贸主要港口开放，又形成以海外贸易为主的广州、宁波、泉州、福州等沿海港口城市。在大量海外贸易交流的过程中，数量众多的海外优质木料输入，海外文化也逐渐渗入我国沿海地区及城市。受此影响，时为我国对外贸易和文化交流的重要门户——广州，在明末清初也形成了中西文化相互交融的家具制作风格，即“广式家具”。

明代家具是我国古代家具发展的顶峰。其集简洁明快的造型、严谨合理的结构、科学的制作工艺、恰到好处的装饰、优美自然的木材纹理于一体，形成了鲜明的艺术特色，闻名于世。尽管明代先后形成三大家具风格，但尤以造型典雅简洁、取材上乘、装饰自然清新、线条流畅、尺寸合理的苏作家具盛极一时，而素为人重。究其风格形成的原因，虽不能抛却稳定的政治环境和先进的社会生产力等因素，但更多的应是得益于大量文人的积极参与。总而述之，应包括以下几个方面的因素。

（一）宋代家具的普及，为明代家具的发展奠定了基础

宋代是我国古代家具史中的空前发展

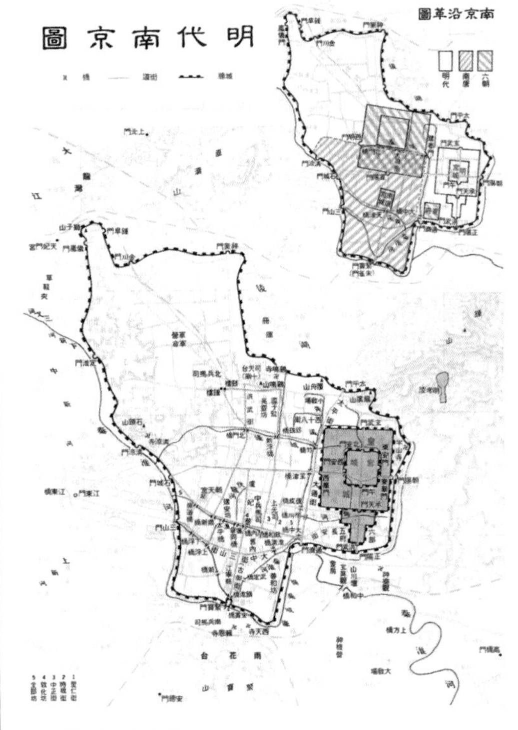

明代南京图

时期，也是家具空前普及的时期。

在宋代，垂足而坐的高足家具已占绝对主导地位。随着起居方式的转变，其时的家具使用更为广泛，而且种类多，不仅包括有常用的床、榻、桌、案、凳、几等，还包括有各式的柜、箱以及衣架、巾架、盆架、屏风等。家具的造型也多种多样。如桌子就有正方桌、长方桌、长条桌、圆桌、半圆桌，还有较矮的炕桌、炕案；凳子有方、长方、长条、牙等形式；椅子有靠背椅、扶手椅、圈椅、交椅等，为明代家具种类和造型风格的形成做好了铺垫。

尽管宋至明有辽金西夏及元等异族的纷扰，使汉文化及当中的家具的发展受到极大摧残甚至几近中断，但深厚的汉文化在回归之后的明代依然保持有强劲的发展势头，所以说没有宋代家具事业的普及和发展，就不会出现完美、精湛的明代家具。换而言之，对于明代家具来说，则是在宋代家具发展的基础上采用了扬长避短、去粗取精的方法，因而使家具事业进入了更高的阶段。

（二）安定的政治环境促进了社会经济的发展

由于元末统治者残酷的压迫和剥削，加上长期战乱，社会经济受到严重的破坏。

经过元末农民起义，明太祖朱元璋于1368年结束了元末蒙汉地主武装的混战，建立了统一的政权。统一政权后，他积极地总结了历代王朝兴衰的经验教训，竭力主张通过发展生产，以达到长治久安的目的。

其于洪武五年（1372年）颁布诏令，使以往因战乱“而为人奴隶者，即日放还”，使元末农民战争中的大批荒田得以复垦；还下令赎还因饥荒而典卖的男女，并规定除官僚外，“庶民之家，存养奴婢者，杖一百，即放从良”。解放了许多贫苦阶层的人身自由；此外，明政府还大力推行屯田政策，使更多的人能够有机会从事劳动生产，耕地面积明显扩大，对发展社会经济起到了稳定作用。

在政治上，明太祖为加强中央政权的统治，废行了中书省，在全国陆续设置了十三个承宣布政使司，置左右布政使各一人，主管一省民政和财政；另设提刑按察使司管刑法，都指挥使司管军队；之后，又废除丞相，分相权于六部。1372年，明太祖颁布《铁榜文》九条，严禁公侯与都司卫所军官私相结纳，不许擅役军士、倚势欺压良善、侵夺公私田地。后来又多次颁布诏令，规定了功臣权限。通过各种改革，使明朝廷进一步加强了中央集权的管理，控制了各级官员的权利，为社会的稳定发展奠定了基础。

在采取了一系列有利于经济发展的政策，又经过几十年的休养生息后，明代社会经济迅速发展，人们安居乐业。至明代中叶，举国上下出现了空前的繁荣，最主要的是城市经济活跃，手工业飞速发展。

明代的江南地区经济发展更快。明代家具之所以产生于以苏州为中心的江南地

明太祖朱元璋像

朱元璋（1328年～1398年），汉族，明朝开国皇帝。濠州钟离（今安徽凤阳）人。元至正二十八年(1368年)，朱元璋于南京称帝，国号大明，年号洪武，建立了明代全国统一的封建政权。

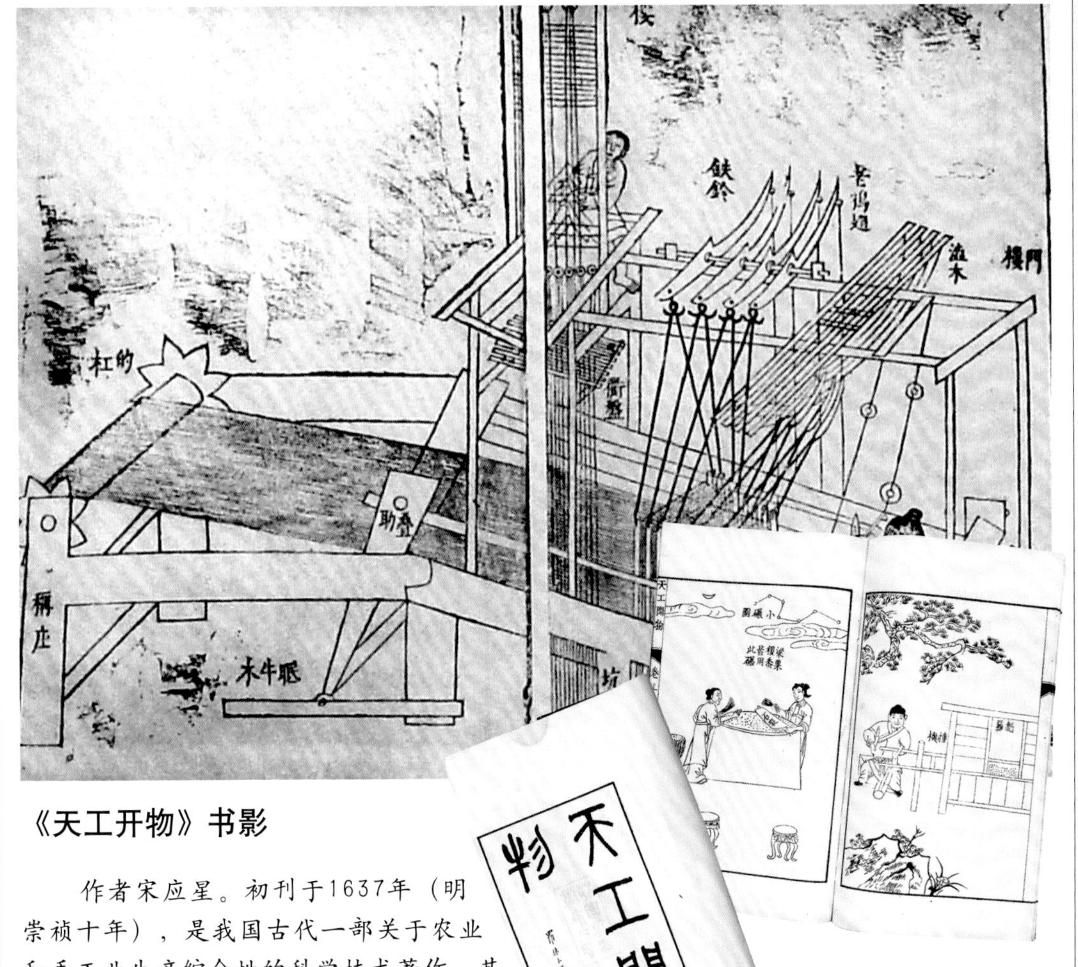

《天工开物》书影

作者宋应星。初刊于1637年（明崇祯十年），是我国古代一部关于农业和手工业生产综合性的科学技术著作。其收录了我国古代农业、手工业、工业——诸如机械、砖瓦、陶瓷、硫黄、烛、纸、兵器、火药、纺织、染色、制盐、采煤、榨油等生产技术。尤其是机械，更是有详细的记述。对我国古代的各项技术进行了系统的总结，构成了一个完整的科学技术体系。是中国科技史料中保留最为丰富的一部，它更多地着眼于手工业，反映了中国明代末年出现资本主义萌芽时期的生产力状况。

区，首先是得益于其得天独厚的“鱼米之乡”的天时地利条件。其次，苏州地处南宋都城临安（今杭州）及明初都城南京之间，地处太湖之滨，其降水丰沛，水道密布，运河贯通南北，加上近海之便，交通极为便利，是全国物流枢纽，为材料及成品的输出和输入提供了极大的便利条件。再者，江南地区物资丰饶，也汇集了数量众多的巨贾富商，如南京，明太祖就曾在1391年徙天下富民5300户于南京，1397年又徙富民14300余户于此，以削弱他们在当地的社会基础和影响，也充裕丰实了都城南京的民间经济基础。

明中叶后，全国各地的粮食和经济作物生产、原料和手工业品生产的地域分工趋势已逐渐显露出来。手工业生产的进步，表现在工场内细密的分工上。如苏州的丝织业就分有车工、纱工、缎工、织工等专门的工匠。在织绸时还有打线、染色、改机、挑花等明确分工。以丝织等手工业为主的苏州成为全国手工业最发达的地区和手工业商品交换的主要市场，手工艺发展又成就了苏州富裕的地方经济。地区农业和手工业经济的迅速发展，促进了文化艺术的空前繁荣，使得明代家具作为明代一种文化艺术也得到了超常的发展。

郑和及其南下西洋路线图

在明永乐三年（1405年）至宣德八年（1433年）间，郑和率领由240多条海船、27500名船员组成的庞大船队，分七次先后奉命拜访了在西太平洋和印度洋的30多个国家和地区，加深了大明帝国和南洋（今东南亚）、东非的友好关系，对发展中国与亚洲其他各国家政治、经济和文化上友好关系，作出了巨大的贡献。

由于航海活动历时之长、规模之大、范围之广一时空前，达到了当时世界航海事业的顶峰，故史称“郑和下西洋”。

（三）海外贸易为明代家具提供了必要的物质条件

明代前期，由于社会经济的发展，外贸开放，使得东南沿海大城市、城镇经济迅速兴起。手工业的繁荣，商品丰富，流通渠道日趋广泛，加之耕种土地的减少和丝绸之路的阻断，沿海城市的商人获得最大的解放，使沿海城市的商业经济逐渐发展成为以远洋贸易为主的商业经济模式。这一模式尤以江南与南海地区最为显著。

在宋代，我国造船业相当的发达，在全国就曾出现过许多造船业的中心。其中有明州（今浙江宁波）、温州（今浙江温州）、台州（今浙江临海）、虔州（今江西赣州）、吉州（今江西吉安），潭州（今湖南长沙）、鼎州（今湖南常德）等。而至明代，明初的造船业曾居世界前列。随着造船技术的不断提高，加上罗盘针的发明与使用，气象的观测，地图的绘制及航路的勘探，都给海外贸易的发展创造了有利条件。

作为明初都城的南京，其城北龙江（亦叫龙湾）和太仓刘家港就是当时造船业基地。郑和下西洋所用的船，多半是龙江所造。从1405年（永乐三年）到1443年（宣德八年），郑和先后七次出海远航，时间持续28年之久，所历37个国家和地区。最南到爪哇，最北到波斯湾和红海的默伽，最东到台湾，最后到非洲东岸。所率船队有大船62艘，每艘长147米，宽60米，共载27500余人。船上带有我国行销的青花瓷器、印花布、丝、色绢、缎匹、雨伞、米谷、草席、鼓板、牙箱等40余种货

郑和下西洋的宝船

南京市郑和宝船船厂遗址公园

物。而贸易采购回国的主要有香料、椰子、锡沙、淡金、宝石和各类优质木材。而郑和下西洋的起点即是经济发达、河运便利的苏州。其他各地的造船业也都很发达。

在明代，我国海外贸易对象主要是日本、南洋各国。

我国与日本的经济和文化往来早在唐代已很频繁。明初还和日本政府签订有条约，规定日本向中国10年一贡，这种朝贡，实际上是一种勘合贸易。其中的倭漆家具深受中国人喜爱。《遵生八笺》中“香几条”介绍说：“若书案头所置小几，惟倭制佳绝。其式一板为面，长二尺，阔一尺二寸，高三寸余，上嵌金银片

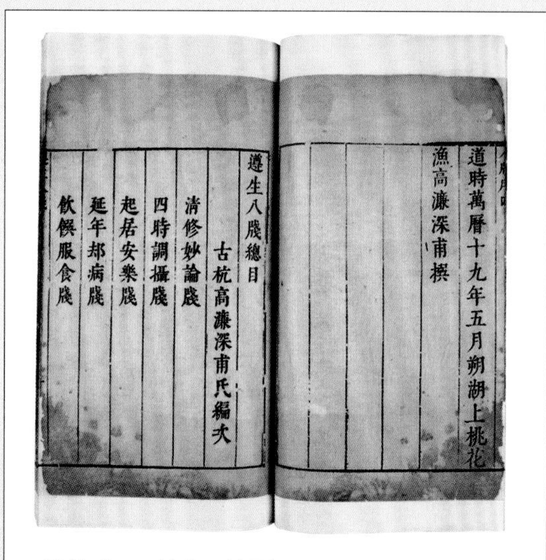

道時萬曆十九年五月朔湖上桃花
漁高濂深甫撰

遵生八牋總目
古杭高濂深甫氏編次
清修妙論牋
四時調攝牋
起居安樂牋
延年却病牋
飲饌服食牋

《遵生八笺》书影

明代高濂撰，全书分为《清修妙论笺》，《四时调摄笺》，《延年却病笺》、《起居安乐笺》、《饮馔服食笺》、《灵秘丹药笺》、《燕闲清赏笺》、《尘外遐举笺》八部分。图为目次。

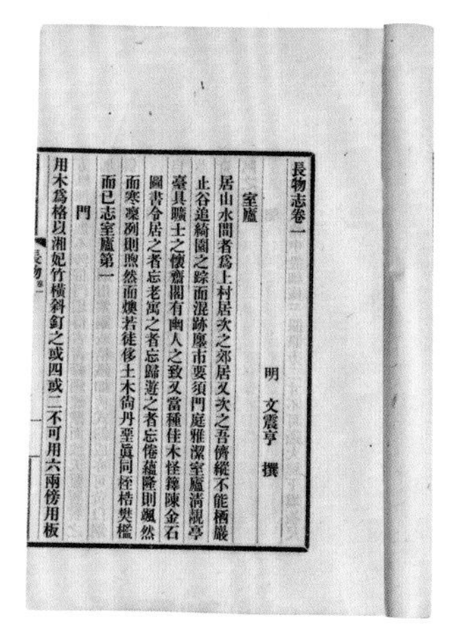

長物志卷一
明 文震亨 撰
室廬
居山水間者爲上村居次之郊居又次之吾儕縱不能栖巖止谷追綺園之蹤而混跡廛市要須門庭雅潔室廬清靚亭臺具曠士之懷齋閣有幽人之致又當種佳木怪籜陳金石圖書令居之者忘老寓之者忘歸遊之者忘倦蘊隆則颯然而寒凜冽則煦然而燠若徒侈土木尚丹堊真同桎梏樊檻而已志室廬第一
門
用木爲格以湘妃竹横斜釘之或四或二不可用六兩傍用板

《长物志》书影

明代文震亨著，书成于崇祯七年（1634年）。全书共分为室庐、花木、水石、禽鱼、书画、几塌、器具、衣饰、舟车、位置、蔬果、香茗十二卷。内容涉及范围较广。依现代学科可分为建筑、动物、植物、矿物、艺术、园艺、历史、造园等学科。

子花鸟四簇树石。几面横设小挡二条，用泥金涂之，下用四牙，四足牙口掺金铜滚阳线，镶铃，持之甚轻。”《长物志》卷六台几条介绍：“倭人所制，种类大小不一，俱极古雅精丽。有镀金镶四角者，有嵌金银片者，有暗花者，价俱甚贵。近时仿旧式为之，亦有佳者，以置尊彝之属，最古。”

除了日本，明朝与南洋各国的联系更为密切。由于南洋各国盛产金银珠宝和各种香料以及珍贵木材，此时的明朝也正处于发展的鼎盛时期，急需各种优良的制作材料和先进技术，而这些进口的器物与材料正可以满足统治阶级奢侈生活的需要。

郑和七次下西洋不但极大地改善了明朝廷与南洋各国的关系，更为重要的是，从盛产高级木材的南洋诸国，运回了相当数量的高档木料，这也为明代家具的发展创造了有利的条件。此后，各国亦相继派使臣赴中国朝贡，即勘合贸易，所带货物中都有相当数量的木料。通过这些国家定期或不定期的贸易往来，南洋诸国采集的大量如紫檀、黄花梨、沉香等名贵木材源源不断地进到中国，进入苏州的作坊，为成就名贯古今的明代家具的制作提供了充足的物质基础。

（四）住宅、园林建设拓宽了明代家具的使用空间

出于对自然山水的偏好，我国历来十分注重居住环境的改善和山水气氛的营造。

在宋代，不论在北宋都城汴梁还是在南宋都城临安，上至北宋的皇家园林“寿山艮岳”，下至遍及京郊各处的私家园林都无不体现出这一特征。尤其在南宋朝廷

狮子林

狮子林为苏州四大名园之一，至今已有650多年的历史，为苏州园林的代表。

狮子林原为菩提正宗寺的后花园，公元1342年，由天如禅师惟则的弟子为奉其师所造，初名“狮子林寺”，后易名“菩提正宗寺”、“圣恩寺”。因园内“林有竹万，竹下多怪石，状如狻猊（狮子）者”，又因天如禅师惟则得法于浙江天目山狮子岩普应国师中峰，为纪念佛徒衣钵、师承关系，取佛经中狮子座之意，故名“师子林”、“狮子林”。明洪武六年（1373年），73岁的大书画家倪瓒（号云林）途经苏州，曾参与造园，并题诗作画（绘有《狮子林图》），遂使狮子林名声大震。

偏安江南之后，我国建筑艺术中独具特色的私家园林建筑艺术，更是在江南经济、文化的社会背景下，在宋代文人崇尚清雅、清虚的思潮中渐趋发展成熟，并形成了遍及江南各地风格各异、数量众多的私家园林建筑群。

至明代，集居住与游乐双重功能的园林建筑之风已然流行。有资料称，在明代仅苏州一地就建造有各种园林271处。明代前期，由于农业和手工业的高度发展，商品经济的繁荣，使得城市建设也得到很大的发展。在苏州，在当时不少文人、画家直接参与设计和建造下，官府和官僚地主、富商大贾竞相建造豪华的府第、园林和住宅。这些园林、住宅数量众多，规模庞大，有的甚至多至千余间，装修精丽，致使得明朝政府不得不制定严格的住宅等级制度加以限制。规定一品、二品厅堂五间九架，三品至五品厅堂五间七架，六品至九品厅堂三间七架等。不许在宅前后左右多占地、构亭馆、开池塘。“庶民庐舍不过三间五架，不许用斗拱，饰彩色。”就算苏州出来的当时全国首富沈万三，也照样属于有钱没法显摆。

尽管如此，民间仍有不少官僚地主为显其富，不仅大量营造园林中不同用途的实用建筑和观赏建筑，还根据不同的使用要求配备大批与其功能相适应的园林家具充斥其内，提高园林建筑及住宅的装修装饰程度，役使大批奴仆，以满足和适应生活起居的便利和需求以及往来不同身份宾客的接待活动之需。如在《云间据目抄》有载：“细木家伙，如书桌禅椅之类，余

燕誉堂

燕誉堂为狮子林园内的主要建筑，为二层阁楼，四周有庑，高爽玲珑。原是园主宴客所用。其名源自《诗经》之“式燕且誉，好而无射”，意为安闲快乐之意。为全园之主厅。

少年曾不一见，民间止用银杏金漆方桌。自莫廷韩与顾、宋两家公子，用细木数件，亦从吴门购之。隆、万以来，虽奴隶快甲之家，皆用细器，而徽之小木匠，争列肆于郡治中，即嫁妆杂器，俱属之类。纨绔豪奢，又以椐木不足贵，凡床橱几桌，皆用花梨、瘿木、乌木、相思木与黄杨木，及其贵巧，动费万钱，亦俗之一靡也。尤可怪可，如皂快偶得居止，即整一小憩，以木板装铺，庭蓄瓮鱼杂卉，内则细桌拂尘，号称书房，竟不知皂快所读何书也。”由此可见，明代家具不仅在材质和制作工艺上产生了明显的变化，而且在不同功能的建筑环境中已有了使用功能各不相同的分类。

可见，城市的发展和繁荣汇集了大量的官僚和豪绅，财富的积累又推动了城市建筑、园林和宅第的建设，这种住宅、园林的建筑趋势又对明代家具产业的发展起到相应的推动作用。

（五）文人的参与和设计成就了明代家具的非凡气质

明代家具之所以成为名贯古今中外家具行业中的经典名作，固然与明代政治、社会、文化等时代背景难以割裂开来，但笔者认为，更多的应归功于明代大量文人的参与和设计。这主要表现在以下几个方面。

首先应归功于明代文人与工匠的有机结合。

江南地区素来手工业发达。早在新石器时代，在江南环太湖地区就有良渚文化玉器出现，尤其以各种形式的玉琮最为典型，其外壁就刻饰有线条纤细如丝的各种龙纹及兽纹，其纹饰之密之精令人惊

叹。苏州亦然。在隋唐时期，苏州不仅以玉作闻名，其丝织、金银器、漆器也十分发达。至宋代，苏州各种手工艺品不仅种类丰富多彩，而且制作技艺精湛，名动天下。宋元以后，江南园林大兴，更是促进了苏州手工业的迅猛发展。至明代，江南手工业已十分成熟。正如晚明文坛盟主王世贞《觚不觚录》所述："今日吴中陆子刚之治玉、鲍天成之治犀、朱碧山之治银、赵良壁之治锡、马勋治扇、周治治商嵌，及歙吕爱山治金、王小溪治玛瑙、蒋抱云治铜，皆比常价再倍，而其人有与缙绅坐者。"

江南私家园林的大肆兴建客观上为明代家具的发展起到了巨大的推动作用。也正是由于文人所崇尚的山水情怀之所在，许多文人出身的园林主人不仅热衷于营造园林自然山水的气氛，还积极参与到了私家园林的内部陈设和家具制作之中，以满足可居可游、可赏可乐的山水情调和居住之需。在这种情况下，一向清高孤傲的文人与素来社会地位低下的工匠艺人走到了一起，为园林的营建和室内家具的设计制作进行着广泛密切的交流和合作，从而使室内家具的用材、结构设计、制作和装饰都无不浸透了文人的审美情趣和兴趣爱好。值得一提的是，与此同时，从吏匠制度中解放出来的明代工匠也获得了更多自由，工匠自身身份和社会地位也发生了显著变化。至明代中晚期，各工匠的社会地位已有显著改善和提高。在他们为官方的服役之外，还可以从事其他手工艺活动，这给他们与文人的合作提供了机遇，也为

鲍天成之犀杯

朱碧山之银搓

文人的设计与制作提供了相应的技术条件。也正是由于文人的参与和与工匠之间的密切合作，使得清雅脱俗的明代家具迅速在江南地区的私家园林中流行起来。也正因为如此，很多人认为明代家具就是文人家具，也是苏作家具。

其次与文人所特有的文化底蕴分不开。

明代家具的成就还与我国深厚的传统

《玩古图》

明 杜堇 绢本设色 长187厘米 宽126.1厘米 台北“故宫博物院”藏

《玩古图》为双拼巨幅，原画可能曾被裱装成屏风形式，一如画中所见的立屏。主题除了鉴赏古器，也在描写琴、棋、书、画等四项文人的游艺活动。画风秀雅古朴，饶有南宋院体余韵。

文化不无关系。在明代，统治阶层为了加强统治，在文化教育方面也采取了一系列新政策。如在京师设国子监，地方设府、县学，大力普及教育和实行科举制度，使广大的读书人通过考试步入政治领域，积极参与政治。新的教育制度和科举制度催生了大批文人读书求仕和改变人生命运的欲望，“四书”“五经”等我国深厚的传统文化艺术成为他们热衷苦读的经典之作，也成就了明代大批的文化名士。而尤以苏州最为集中，诸如“吴中四杰”、“吴中四子”、“明四家”等等，使江南的南京、苏州等地发展成为明代的经济和文化中心。

毋庸置疑，明代家具是文人与工匠、智慧和技艺的结晶。但我们在研究和探讨形成明代家具艺术风格之时，就应该强调决定其风格和品位的主导因素应是文人所特有的文化底蕴和艺术素养，而不是工匠的技艺。尽管明代家具的成就离不开明代工匠的精湛技艺，但毕竟文化底蕴和艺术素养才是决定明代家具风格内涵，内在气韵、气质的主要因素，也是明代家具之所以被称为“明式”，之所以被中外专家倾心、研究，成为独立学科之根本所在。

再者，明代家具很大程度上是文人审美情趣的表现。

我们知道，明代家具造型简洁、单纯、质朴，强调家具的形体的线条形象，其比例适度，结构严密巧妙，制作精巧，装饰古朴典雅，表达了明快、清新、俊秀的总体艺术风格。而这种风格的形成是与明代文人分不开的。明代文人的审美情趣和爱好，对明代家具品质和品位的提升起到了至关重要的指导作用，甚至可以说，明代家具很大程度上是文人审美情趣的表现。

在山水情怀的作用下，明代文人大多在营造私家花园的时候就将诗情画意中的宁静、高远、幽远等意境和文人情趣融入其中，以体现文人脱于世俗、清秀儒雅的思想特质和精神风骨。这种文人的意识和修养，对山水园林建筑内的家具乃至民间家具都起到了潜移默化的指导作用，极大地促进了家具制造在选料、款式、功能、造型诸方面的改进，使这个时期的家具业有了质的飞跃，更臻完善，更加清雅、脱俗。

如在家具的造型方面，明代文人就十分崇尚质朴之风，追求材料本身的朴素和自然美。如《长物志》论及方桌时说：“须取极方大古朴，列坐可十数人，以供展玩书画。”在论及榻时又说：“古人制几榻，虽长短广狭不齐，置之斋室，必古雅可爱。……今人制作，徒取雕绘文饰，以悦俗眼，而古制荡然，令人慨叹实深。”又如《格古要论》说：“紫檀，性坚，有蟹爪纹……”“花梨木……亦有花纹，成山水人物鸟兽者……”《博物要览》中有“香楠木，微紫而清香纹美，金丝者出山峒中，木纹有金丝，向明视之，闪烁可爱，楠木之至美者，向阳或结成人物山水之纹”。

从诸多历史遗存的文字和绘画资料中我们得知，明代文人亲自参与家具的设计和制作者大有人在，其中还不乏少数热衷于家具的研究者，这是历史上其他时代所

《高山奇树图》

明　唐寅　绢本设色　长122厘米　宽65厘米　上海博物馆藏

难以企及的。明代文人对于家具的投入程度，也不仅仅反映在家具的形制、尺寸、材料、工艺、装饰等方面，同样，他们对家具的审美标准等诸多方面也都有所论及，并遗留有大量的文字记载。就撰写家具方面，其参与者之多、论著之丰、涉猎之广，亦是任何一个朝代都不能与之比拟的。

所以，在这种大的文化环境中，在明代文人追求古人典雅风范和朴素简洁自然美的审美要求中，明代家具不论是桌案椅凳，还是箱橱床榻，都强烈地表现为造型简练，装饰朴素，以充分显示木材本身质朴和自然美的特点。而这些特点，也集中体现了明代家具简洁中蕴涵着端庄和典

黄花梨夹头榫平头案

明末 长184厘米 宽62.5厘米 高88.5厘米

雅，挺拔中浸透着清丽与俊秀，也体现了明代文人隽永深邃的精神内涵和文人气质，乃是明代家具的灵魂和根本所在。

最后，也是明代文人书斋生活所需。

明代以前，室内家具基本上以满足日常生活起居需要为主。而至明代，在实现其日常生活使用价值的同时，文人也提出了满足书斋文人生活的要求。于是，在大肆兴建私家园林的江南地区苏州，大批的文人画家自觉不自觉地参与到了家具的设计和制作过程之中，并将文人画家的某些艺术素养倾入其中，使明代家具不仅成为一种实用器具，其本身浑然一体的造型、线条、用材、装饰等也无不体现出文人画家的质朴典雅之美。

大批的文人论著告诉我们，文人的所好与所用，推动着家具的品种与形制等方面的发展。这些文人出于他们的特殊爱好和特殊的功能要求，倡导与设计了众多的新巧家具，丰富了家具的品种和形制。如明末名士、“吴门四杰”之一文徵明的曾孙文震亨所著的《长物志》记载有“以置尊彝之属”的台几，就说明了台几之功用。书中论及橱时说：“藏书橱须可容万卷，愈阔愈古。”“小橱……以置古铜玉小器为宜。”说到几榻“坐卧依凭，无不便适，燕衎之暇，以之展经史，阅书画，陈鼎彝，罗肴核，施枕，何施不可”。他认为书桌“中心取阔大，四周镶边，阔仅半寸许，足稍矮而细，则其制自古。凡狭长混角诸俗式，皆不可用，漆者尤俗”。又如椅子，以“木镶大理石者，最称贵重”，且宜矮不宜高，宜阔不宜狭。

《人物故事图》（局部）

明　仇英　册页绢本　北京故宫博物院藏

全册十页，所绘人物、仕女，多属传统题材。图为其中之一的《竹林品古》，写文人雅士聚于竹庭之中，品评古玩字画，真实地反映了明代文人家具使用情况。

而高濂的《遵生八笺》言“书室中香几”和“置熏炉、香合、书卷”的靠几，以及“如画上者”、“入清斋”的藤墩等。《游具雅编》则将叠桌的功用定为“列炉焚香置瓶插花以供清赏”。书中所言用藤竹所编的“欹床”，强调不要用太重的板材，要适于童子抬，床上置靠背，“如醉卧偃仰观书并花下卧赏”。这是何等的消闲安逸，一副十足的雅士气派。

黄花梨有束腰马蹄腿罗锅枨长条桌

明　长154厘米 宽49厘米 高84厘米

更有抚琴高手设计了符合共鸣音响原理的琴台与琴桌。《长物志》说："以河南郑州所造古郭公砖，上有方胜及象眼花者，以作琴台，取其中空发响……坐用胡床，两手更便运动……"《格古要论》的"琴桌，桌面用郭公砖最佳……尝见郭公砖灰白色，中空，面上有象眼花纹……此砖架琴抚之，有清声泠泠可爱"。

有的还记载了文人家具所用的材质和尺寸等等。如《清仪阁杂咏》中就记载有两件家具，其中一件"天籁阁书案"就是明代浙江嘉兴大收藏家项元汴的家藏，其文曰："天籁阁书案，高二尺二寸三分，纵一尺九寸，横两尺八寸六分，文木为心，梨木为边，右二印，曰项，曰墨林山人，左一印，曰项元汴字子京。”《清仪阁杂咏》中还记载有一把椅子，有明代大书法家周天球题识。原文曰：“周公瑕坐具，紫檀木，通高三尺二寸，纵一尺三寸，横一尺五寸八分，倚板镌‘无事此座，一日如两日，若活七十年，便是百四十。戊辰冬日周天球书。’印二，一曰周公瑕氏，一曰止园居士。”对于材料，文震亨认为“以花梨、铁梨（力）、香楠等为佳”，“装饰只能略雕云头、如意之类，不可雕龙凤花草诸俗式，施金漆红漆更是俗不堪用”，等等。

而有的还将诗、书、画、印，或者尺寸及家具的购藏时间等等都描绘和镌刻在家具之上，不仅提高了家具的观赏价值，也增强了其艺术价值。这种情况在一些历史文献资料中就曾有记载。

在现存的明代家具珍品中，明代书画名家祝枝山、文徵明二人也曾各在官帽椅的椅背上书写诗文。其中一把在条板上镌有王羲之《兰亭集序》部分文字，从“是日”起到“快然自足”止，约百字，文后镌“丙戌十月望日书，枝山樵人祝允明”。后落二印：一曰“祝允明印”，一曰“希哲”；另一椅有文徵明书“有门无剥啄……帖笔迹画卷纵观之”等40字，后落款“徵明”及二印。

三、明代家具主要造型特征

家具发展至宋代，垂足而坐的高型家具已十分普遍，并成为人们起居作息之用家具的主要形式。而事实上，我国古代家

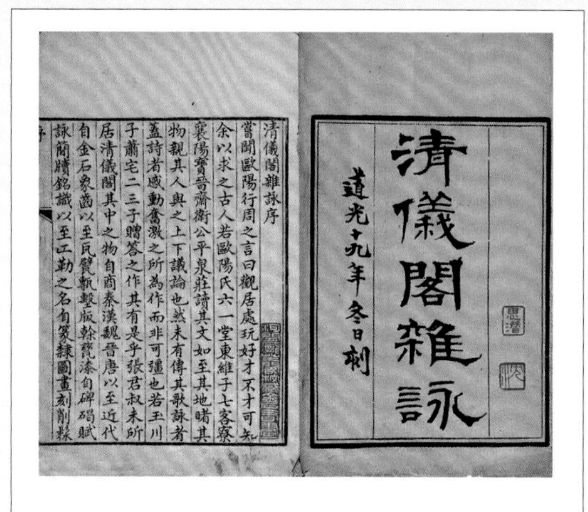
清儀閣雜詠
道光十九年冬日刊

清儀閣雜詠序
嘗聞歐陽行周之言曰觀居處玩好才不才可知
余以求之古人若歐陽氏六一堂東維子七客寮
襄陽寶晉齋衛公平泉莊讀其文如至其地睹其
物親其人與之上下議論也然未有傳其歌詠者
蓋詩者感動奮激之所為作而非可彊也若玉川
子蕭宅二三子贈答之作其有是乎張君叔未所
居清儀閣其中之物自商秦漢魏晉唐以至近代
自金石象齒以至瓦甓軛鑿版榦甆漆甸碑碣賦
詠簡牘銘識以至工勤之名自篆隸圖畫刻削髹

《清仪阁杂咏》

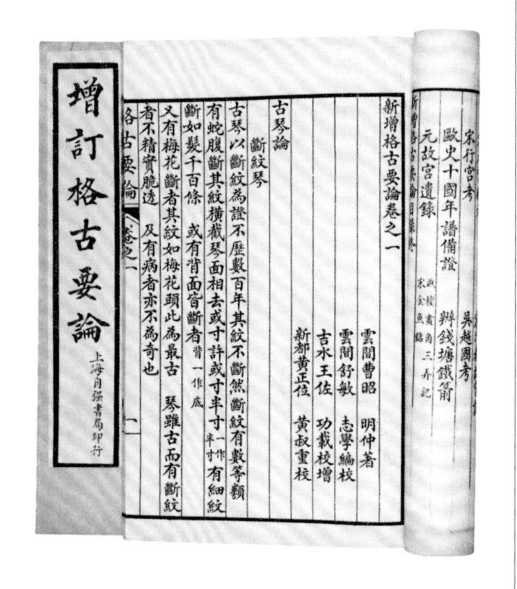
宋行宮考　吳越國考
歐史十國年譜備證　辨錢塘鐵箭
元故宮遺錄
新增格古要論目錄終

新增格古要論卷之一
雲間曹昭　明仲著
雲間舒敏　志學編校
吉水王佐　功載校增
新都黃正位　黃叔重校

古琴論
斷紋琴
古琴以斷紋為證不歷數百年其紋不斷然斷紋有數等類
有蛇腹斷其紋橫截琴面相去或寸許或寸半寸（一作半寸）有細紋
斷如髮千百條　或有背面皆斷者（背一作底）
又有梅花斷者其紋如梅花頭此為最古　琴雖古而有斷紋
者不精實脆透　及有病者亦不為奇也
格古要論　卷之一　一

增訂格古要論
上海自强書局印行

《格古要论》

具在经过了千锤百炼之后，是在明代才基本定型。这一点不论从明代家具的造型、结构、种类抑或数量上都足以证明。

明代家具的种类已相当完备，如在不同的使用环境中，有了诸如文房家具、厅堂家具等较为细致的分类，并形成一定的造型规律和特征。我们根据遗存至今的明代家具使用功能的不同进行了必要的分类，并就各自的造型特征略作介绍。

明代家具遗存较多，主要有桌案类、床榻类、凳椅类、橱柜类、框架类、屏联类及其他等几大类型。

（一）**桌案类**

又包括桌案和几类，是各大类中品种最多的一类。具体包括有桌类的方桌、酒桌、炕桌、条桌、书桌、琴桌、抽屉桌、棋桌、供桌、月牙桌等，案类的平头案、翘头案、条案、书案、炕案、供案、画案等，以及几类的方几、炕几、香几、茶几、花几、琴几、条几等等。

明代的桌子已成为家庭生活的必需品，其用途已非常广泛，其种类和造型也比较多。就其造型而言，不仅有大小方圆之别，也有长短高矮之分，不一而足。而其中最为常用、最普通的便是方形或长方形的桌子了。如方桌、酒桌等。明代方桌的基本造型可分为无束腰和有束腰两种，其四腿与面沿四角垂直。无束腰桌是腿足上端以榫卯结构形式直接承托桌面，腿多取圆材，足胫不作装饰。有束腰者即在桌面下环周内收，如人之腰部，其腰下装牙条，腿足笔直，多取方材，足胫有不同形式的马蹄等装饰。有束腰桌的腿多方正平直，不作侧角收分，而无束腰桌腿部多有明显的侧角收分。

在此两种造型的基础上，方桌在各部位还作不同的处理。如腿部不仅有方腿、圆腿，还有仿竹节形腿；足胫处有直脚、勾脚、内翻马蹄等；枨有直枨、罗锅枨和霸王枨；有的还在枨上加饰有矮佬、卡子花以及牙子、绦环板等等，不一而足。式样十分丰富。

酒桌是一种小型的长方桌，明代在北方很常见，其做工精巧别致，一般前后不设横枨，也少有设罗锅枨者，两侧腿足间设双横枨，桌面与腿常采用案形结构，桌面下有的设计成双层隔板或抽屉式，用以

黄花梨束腰大方桌

明　长103.4厘米　宽103.4厘米　高85厘米

黄花梨龙纹夹头榫翘头案

明　长135厘米　宽28厘米　高87.5厘米

黄花梨有束腰顶牙罗锅枨大方桌

明末清初 长100厘米 宽100厘米 高82厘米

置放酒具，结构稳固而美观。酒桌还有一个明显的特征就是桌面边缘四周设方形阳线一道，名“拦水线”，作用是防止酒具倾覆酒水污浊衣襟。

条桌和条案都属于狭长的高桌类，一般将腿与桌面垂直安装者称桌，将四腿作侧角收分者称案。再者案面又有翘头和平头之别，平头案的特征是案面平直，两端无饰。翘头案案面则左右两端向上翘起，明代称为“飞角”，其翘头常与案面抹头一木连作。案依腿足造型可分三种。一是直腿或收分腿足直接着地，两侧无挡板或圈口，也无托泥，只在两腿间设双横枨；二是左右双腿下设托泥，双腿间设圈口或挡板，其装饰方法或在挡板上雕饰图案，或直接做成直棂状；其三是架几案，其特点是以两个大小高低相同的方几承托案面，可拆卸组装，搬运十分方便。架几案的架几均成对使用，一般在大厅左右两侧靠墙陈设，明末清初开始流行。

平头案的式样丰富多彩，其在榫卯结构、装饰，以及局部处理上，可说千变万化、千姿百态。而翘头案多在两侧挡板加以美化。案面依其长宽比例又有长方案和条案之分。明代条桌条案的造型以简练疏朗见长。

炕桌是配合人们坐在炕上或床上使用的矮桌，所以也可以叫矮桌，是北方常见

黄花梨高束腰马蹄腿画桌

明末清初 长139厘米 宽54厘米 高80厘米

黄花梨炕桌

明 长70厘米 宽70厘米 高24厘米

黄花梨夹头榫画案

明末 长111厘米 宽75厘米 高85厘米

的一种低矮型家具。因地理和气候因素，北方多屋阔炕大，日常生活中的吃饭、喝茶、读书、写字等许多活动也多在炕上进行，在冬日，甚至将待客交友活动等也移至炕上，所以北方十分兴盛。明代炕桌，是矮桌的辉煌时代，造型美观，式样丰富，用材和做工也更加讲究，是明代家具中不可忽视的一个品种。炕案则是陈设在炕上或床上的小案。

画桌、画案、书桌、书案都是供文人读书、写字、作画的平台，其尺寸一般都很大，一是方便置放文房诸器，二是有足够的操作空间。其面板与腿足间的结构也如上述案类一样有多种变化，但明代则多取一腿三牙罗锅枨的结构方式，造型简洁而稳固。

几类中的花几和香几很有特点，其造型以轻巧见长，均高足细腿，体形修长，有圆形、方形、葵花形等等，其主要功能为陈设香炉、花盆或盆景。一般说来，明代或清初的香几多为圆形，少有方形者，个别有荷叶形和八角、六角形的。而清代式样则较多，有梅花式、海棠式、方胜式、双环式等等。大多成组陈设。多置放于厅堂四角或正堂条案两侧。

（二）床榻类

主要有床类的架子床、拔步床、罗汉床和榻类的平榻和罗汉榻。

架子床因床上有顶架而得名。一般在床的四角安有立柱，立柱上端四面装横楣板，顶上有盖，俗名“承尘”。床面两侧和后面装有围栏。也有安有六柱者，即在正面床沿上多装两根立柱，两边各装方形栏板一块。围栏常用小木块做榫拼接成各式几何图样。也有将正中做成月洞门形式的。床屉有软硬之分。南方多用软屉，分两层，上层为藤席，下层为棕屉，均编织而成，棕屉起保护藤席和辅助藤席承重的

黄花梨螭龙纹六柱式架子床

明末清初 长225厘米 宽155厘米 高232厘米

作用。北方因气候条件的关系，床屉的做法大多是木板硬屉加藤席，然后再铺上棉垫，柔软而舒适。

明代架子床的结构、造型和装饰风格等以轻巧多变见长。如三面围栏多见以小木条拼装成“卍”字形、团花形、如意云头形等等，组成大面积的棂子板，有的还将两边和后面以及上架横楣也用同样做法做成。造型多变，采光明亮和典雅。有的还将四面床牙浮雕螭虎龙凤等图案。牙板之上，采用高束腰的做法，用矮柱分为数格，中间镶安绦环板，浮雕鸟兽、花卉等纹饰，而且每块与每块之间无一相同，足见做工之精。

拔步床大致由床体、廊庑、顶盖、底座和围屏五个部分组成，是卧具类造型最大的。拔步床的传世品较少，远不如架子床多。从整体制作工艺来看，明代架子床主要框架取材多为黄花梨大料，且多方材，或受我国传统建筑艺术影响，其结构具有大木作梁架结构遗风，形体高大，宽敞明亮，边沿起线挂檐，造型简洁明快，在明代家具中极富有特色。

与前者不同的罗汉床没有床架，只在左右及后面安装床围子。

罗汉床本为坐具，是经汉代的榻逐渐演变而来，至后来在座面上加了围子，可卧可坐，便成为日间起居之用的一种常见的家具。这类床形制有大有小，一般来说，人们常把较大的叫“罗汉床”，较小的叫“榻”，如明代文震亨在其《长物志》中曾对榻的形制作出了明确的描述，其言：“坐高一尺二寸，长七尺有奇，横一尺五寸，周设木格，中实湘竹，下座不虚，三面靠背，从背与两傍等，此榻之定式也。”说明床与榻是有明显区别的。但也有人认为左、右及后面装有围栏的称之为床，没有围栏的称之为榻，如平榻等。

在明代，上等罗汉床多用黄花梨制作而成。罗汉床的装饰多体现在三面围子上。有的围栏十分简单，仅用三块整板做成，背板稍高，两侧略低，有的仅在背板两端做阶梯形曲边，造型简单、朴素又典雅。有的用小木块拼接成各式几何纹样作为装饰，通透灵巧，端庄文静。而至清代，罗汉床围板上的装饰形式则表现得非常繁复，如透雕、浮雕、镶嵌、彩绘等等，已很少看到攒框装心的装饰方法了。

传世的明代床榻，多为漆木或黄花梨制成。黄花梨床的床围多采用攒棂法，这种做法主要为了充分利用零碎小材料，常见为万字纹和仰覆山形相连几何纹棂格，具有简练朴素而又清新活泼的效果；也有的床采用三块独板做床围，床身通体不施雕刻，充分显示花梨木材的自然美。

（三）凳椅类

明代凳椅类坐具主要有交椅、圈椅、四出头官帽椅、南官帽椅、靠背椅、杌凳、坐墩。依其造型特征又可分为椅类、凳类、墩类。

椅类的主要造型有交椅、圈椅、靠背椅、扶手椅等，凳类包括条凳、方凳、春凳、马扎、二人凳等，墩则有鼓墩、瓜棱墩、梅花墩等。椅类中还以有无扶手或靠背加以细分。如带靠背的有南官帽椅、四出头官帽椅、玫瑰椅、圈椅、梳背扶手

黄花梨灯挂椅（一对）

明　长48厘米 宽41厘米 高90.5厘米

黄花梨束腰长方凳(一对)

明 长46厘米 宽42厘米 高45.5厘米

榉木四出头官椅

明 长54厘米 宽47厘米 高107厘米

椅、交椅、宝座、六方椅等。无扶手的靠背椅、灯挂椅、屏背椅、梳背椅、交椅等。今择其主要造型者简述一二。

交椅是以椅腿交叉可以折叠而得名。由马扎发展而来，也可以说是带靠背的马扎。宋、元、明以来最流行。宋元时期，有直背交椅，也有圈背交椅，无扶手。至明代，直背交椅渐趋少见，唯见圈背一种，所以就将圈背交椅直呼为交椅了。

宋元时期交椅的椅圈由三节或五节榫接而成。整个椅圈犹如一条流畅的曲线。座面有皮革与绳编之分，中间设为靠背，背板或光洁或有雕嵌装饰。靠背之下八根直木成对榫接，以中轴关节折叠而成。明代交椅制作工艺也较宋元更加精美，结构趋于复杂，材料一般多为黄花梨制作，装饰部位多在靠背、扶手和踏枨上。装饰手法简洁，形式不拘一格。

因为可以折叠，携带方便，交椅多用于郊游或野外露天使用。交椅的陈设可以临时按主客关系而陈设。如官员在住宅大厅会客时，客主双方如果是平级关系，可作“八”字形陈设，双方对坐；如果是上下级的关系，则上级位置设在正中，下级设旁座；如果人多则分左右两列，从前到后，以分高低。至清中期，交椅渐趋减少。

与交椅相似的圈椅同样有一条流畅曲线组成的圈形靠背，它的椅背搭脑呈圈形，圆滑、流畅，顺势滑至前方成为扶手。圈椅造型曾在五代《宫中图》和宋人画《会昌九老图》中出现，其他图像资料所见不多，但到了明代，圈椅再次兴起。

圈椅在明清时期都十分流行。造型也十分接近，圈椅的框架一般采用圆材，其腿足较高，座面前后两组支柱与椅腿采用一木连作手法制成，背圈穿插其上，形成宽大的座面。圈椅座面有的用藤皮或者丝绳编织而成，有的以板材做屉面。其靠板两弯，背圈顺延而下成为扶手，也有下弯与前端两个支柱构成圆弧的。其后者多无装饰，前者有的光素，有的在扶手末端雕镂一些卷草纹等。圈椅装饰的主要部位在其靠背，装饰方法有浮雕、透雕、镶嵌、攒框等，有的还在背板两侧加饰雕花的牙子。但一般来说，明代圈椅的装饰较少，也较为简洁，多仅在背板上端浅雕如意云头纹和龙纹等，正前方的壶口也处理得较为简单。而清代的则装饰的较为复杂。从材料讲，明代以黄花梨为主，选材精良，造型端庄大方中不失柔美。而清代，黄花梨趋少，出现了紫檀、红木、榉木、鸡翅木等等。

黄花梨圆后背交椅

明 上海博物馆藏

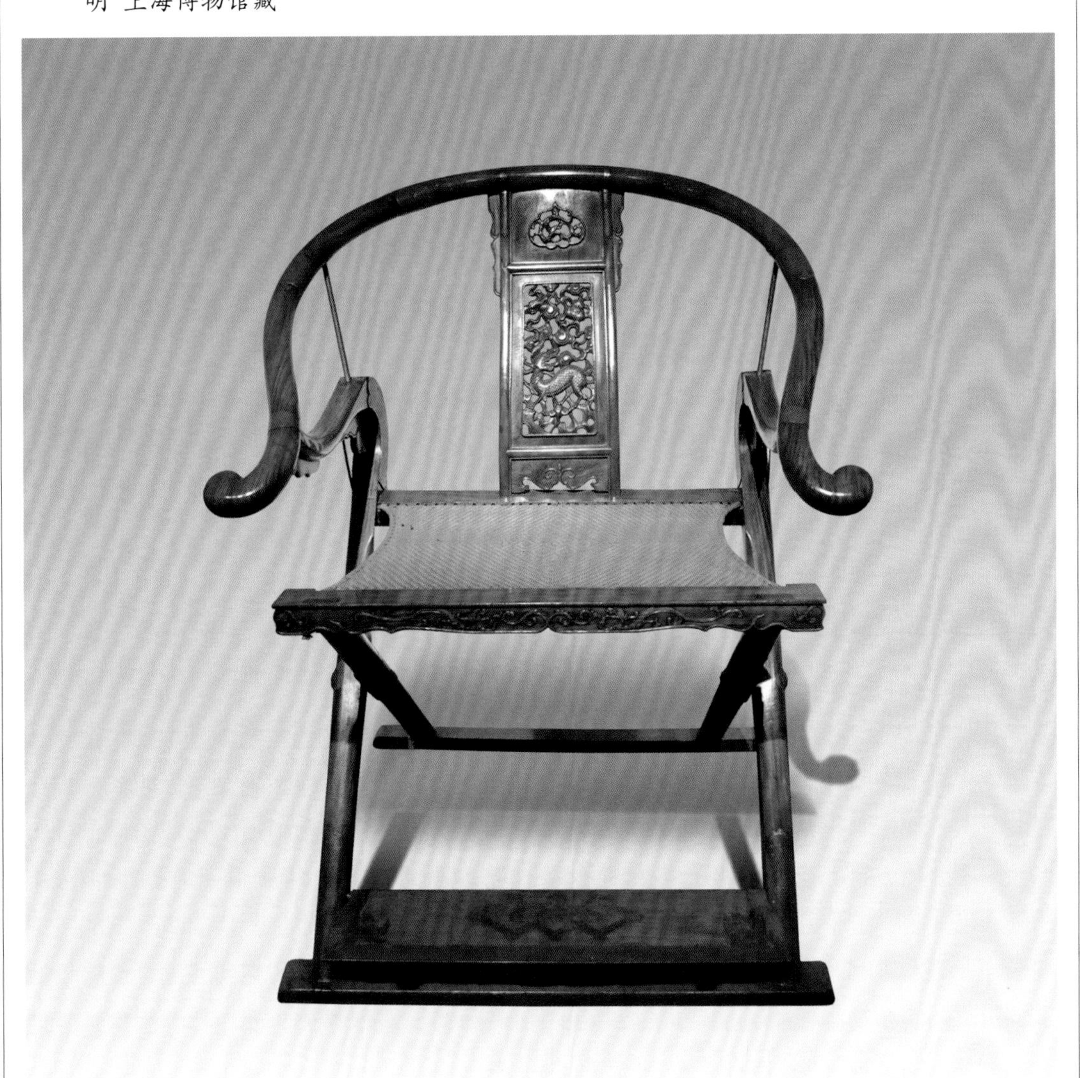

黄花梨双龙纹圈椅

明末 长61厘米 宽46厘米 高99厘米

靠背椅中的南官帽椅、四出头官帽椅在明清两代使用都很常见，造型变化也不大。两者方体方背，造型相若，较为不同的是四出头官帽椅椅背的搭脑和扶手的前端长出椅柱，好似明代官员有帽翅的官帽。四出头官帽椅的扶手、连帮棍、鹅脖的线形变化丰富多样，横竖支架的交角处，也用牙子装饰。南官帽椅的搭脑和扶手则不出头，余者与四出头官帽椅十分接近。明清时期，两种椅子的造型非常接近，但略有不同的是明代或清早期的装饰较为简洁，用材以黄花梨为主，用料较后者为精，造型秀美。而后期的用材则略显粗大。

灯挂椅是明代最为普及的椅子样式。明代灯挂椅的基本特点是圆腿居多，搭脑向两侧挑出，整体简洁，只作局部装饰。有的仅在背板上雕一简练的图案，有的嵌玉、嵌石或者嵌木。座面下大都用牙条或券口、圈口予以装饰。四边的枨子，有单枨，有双枨，有的用“步步高”式，而在落地枨下，一般都用牙条。两后腿有侧脚和收分。整体感觉是挺拔向上，简洁清秀，这是明代家具造型的特点。所以，灯挂椅的造型，可以说是明代家具的代表作。从材料讲，灯挂椅的木质在民间多用榉木和榆木，而官宦人家则多用黄花梨、紫檀、鸡翅木等。

靠背椅中的一统碑椅亦是如此。明器体现了简洁的时代风格，至清早期仍有保留，但至清代中期后，一统碑椅的装饰已渐趋烦琐，不仅在背板浅雕团形花纹，整体上都出现了繁缛的雕刻和镶嵌装饰。清代苏作一统碑椅变化较少，基本继承了明代风格，除背板以独木制成“S”形且上端雕团形花纹外，椅子的搭脑两端下弯，用“套榫结构”的做法和后腿相连。椅盘以下，三面用券口牙子，后面用牙条，踏脚枨做成“步步高”样式。

玫瑰椅是明代很受欢迎的流行式样，这一点以为数不少的明代遗存实物足可证明。其基本造型是椅背较低，椅背的高度与扶手相差无几。由于其前后腿与上端的靠背和扶手立柱为一木连作，故其靠背、扶手、座面垂直相交，靠背无侧脚。靠背也多有装饰，或用券口牙子，或用雕花板，装饰简洁明快，形成了座面以上部分秀美文静的造型特色。其座面之下亦多设横枨，横枨中间或取矮佬支撑，或取卡子花支撑，起到打破低矮靠背的沉闷感。

玫瑰椅在明代多为圆腿。方腿的则多为清代作品。

黄花梨方材矮靠背素南官帽椅(一对)

明末清初 长59厘米 宽46厘米 高92厘米

黄花梨出头榫梳背玫瑰椅

清早期 长54厘米 宽46厘米 高90厘米

总的来说，明代椅类表现出了使用圆材较多、“S”形靠背略带有倾角、四足外撇有明显侧角收分的特点，表现出了明代家具上部分线条秀美流畅、下部分端庄稳重、造型简洁明快、坐靠舒适的特点，是中国古代家具中集使用舒适、科学与艺术性于一身的优秀文化遗产。

明代的凳子式样也有很多，造型也更优美了。从造型上看，有方凳、圆凳、长凳等，其中尤以方凳为多，造型变化主要体现在有束腰和无束腰两种。一般来说，无束腰的都是直腿，有束腰的方腿为多，而且以内弯腿或三弯腿为多，其特点是足胫多作内翻、外翻等处理。而圆腿的方凳

黄花梨有束腰罗锅枨方凳

明 长63厘米 宽63厘米 高50厘米

黄花梨坐墩

明

四条腿多作侧角收分，及四条腿微外撇，以增强其稳定性。这种情况在长凳上也十分明显。

明代坐墩的造型多为鼓形，座面和地面两头小，腹部外鼓，多为圆形，且多在座面之下和底座之上环雕一道弦纹，在弦纹的中间再环雕一周鼓钉，其形体稳重端庄，既简单又有古雅之趣。明代坐墩的座面也多有变化，有海棠形、梅花形、瓜棱形、椭圆形等等。材质亦多黄花梨，至清多用紫檀、花梨、酸枝木等贵重木材。也有仿藤、仿竹节的木质坐墩。

（四）橱柜类

主要功能为储藏物品。可依结构不同分为橱类、柜类和箱类，其中橱类有方角橱、闷户橱、矮橱、联二橱、联三橱等。柜类有方角柜、矮柜、圆角柜、四件柜等。箱类有衣箱、躺箱、提箱等。除橱柜外，人们还习惯将架格也归为此类。

黄花梨四开光坐墩

明末清初 面径47厘米 高38厘米

其中橱柜类是居室中用于存放衣物的家具。

橱是专用以存储食物和食具的家具，宋代始见有带抽屉的橱和立柜式橱，明代的橱已发展得非常完善，其造型类案，亦有翘头与不翘头之别，高度与桌案相若。其结构为案面下设有抽屉，一般为三屉，也有两屉和四屉的。抽屉下另设储物空间，因存储时须先将抽屉完全抽出才能完成整个过程，具有很高的隐蔽性，颇具特点。

圆角柜是明代橱柜类中另一个很有特点的家具。其主要特征是四边与腿足均为一木连作，且都用圆料，棱角浑圆，故名。圆角柜的柜门采用门轴插入的做法，以实现与柜体的结合。再者，圆角柜四边及腿足收分明显，再加上柜顶柜沿飘出，使整个柜体显得稳重大方。明清两代，圆角柜的造型变化都不大，其装饰多仅在正面柜门下设拱形光素的牙板，至清代，柜

黄花梨联二闷户橱

明 长102.8厘米 宽59.5厘米 高81.5厘米

门上开始出现了雕花、镶嵌和攒框装心等形式。从材料上讲，明代至清中期以前，圆角柜的材料以黄花梨为多，且用料粗大厚重，清中期开始出现了以紫檀、榉木、酸枝木等材料制成的圆角柜。

方角柜以方体方角为特征。结构方正，落落大方。在装饰方面，明代及清早期的方角柜同样较为朴素，以突出木材的自然美。而至清中期，随着紫檀的应用，方角柜正面的柜门上随之出现了各种浮雕、镶嵌、大漆彩绘等装饰方法。尤其在清宫所用的方角柜上，雕饰各种构图繁复的龙纹、博古纹等十分普遍。这种情况在顶箱柜上也表现得非常突出。

架格主要是存放书籍、器具和陈设观赏品之用，结构相对较为简单，一般普通的是以四根立柱作支撑，四柱间设有数层隔板或者抽屉，有的在两侧和背面设有围栏，也有分格巧妙、做工精致的。明代架格多为四面空灵，鲜有装饰，也有的在后面和左右安装棂格，简练的造型与通透的结构显得十分协调。

箱为家居必备的存贮用具，有长方或正方形。明代和以前的箱多作盝顶式，有圆形盝顶和方形盝顶之别。官皮箱是明代家具中特有的品种，是一种外出旅行时用的密封性较强的储物用具。其特点是形体较小，盖箱上下为天地盖，以合页相连接。官皮箱的正面设对开门，内设有活抽屉数层以储物。置物后关上柜门，盖好箱盖，即可将箱体全部封闭起来。两侧设有提环供搬移。

（五）屏蔽类

主要包括座屏、围屏、插式屏等。早期的屏是挡风和遮蔽视线的家具，后来其分割空间和美化居室的功能渐趋凸显。

座屏就是下有底座，不能折叠的屏风，有单扇的，也有两扇、三扇的。也有人称之为插屏。其中较小的座屏，是放在床前、桌案之上，体形较小，兼具实用和观赏功能。至明代开始出现纯观赏性的小屏，成为案头清供，常设于文人书房的案头。插屏是在两个木墩上安立柱，用披水牙和横枨将两个木墩连接起来，两立柱内起槽，将屏框插入槽内，屏心当中或镶嵌，或雕刻，或彩绘，或刺绣，可以安装各种作品。明式插屏多在屏座和屏框内镶透雕花板，而且两面作，座间披水牙作壶门形。

折屏是可以折叠的屏风，也称作围屏，既不用底座，也不安屏帽，多少随意，但都是双数，有六扇、八扇或者十二扇等。无论数量多少，高宽一律相同，每扇下部有矮足，只需打开一定的角度便可直立。屏框用铜钩连接，可拆可合。常用

黄花梨方角柜

明　长70.5厘米 宽36厘米 高95.5厘米

龙眼木虎皮纹插屏

明　长30.5厘米 高38厘米

于临时陈设，也可作室内的隔断。

明代以前的屏多如本卷所收黑漆百宝嵌小插屏、黑漆嵌螺钿竹梅纹插屏等，仍显示明代屏风的面貌。

（六）台架类

包括盆架、衣架、帖架、镜架等。

黄花梨大帖架

明末 长48厘米 宽48厘米 高42厘米

黄花梨折叠式六足面盆架

明 足径38厘米 高68厘米

面盆架有高低之分。高面盆架多为六腿，整体结构为两条后腿高，上部设搭脑，搭脑两端出头上挑，中设花牌。搭脑之下常有挂牙护持。低面盆架一般都取朴素无饰的式样。有三腿、四腿、六腿等不同式样。

明代衣架继承古制，基本造型大同小异。下部是木墩为座，上有立柱，在墩与立柱的部位，有站牙，两柱之上有搭脑，搭脑两端出头，一般都作圆雕装饰。中部大都有雕饰华美的花板。两侧也饰挂牙。

四、明代家具的用材

经过全面、系统的梳理，我们发现，由于明代文人的参与和引导，明式家具在用材、造型、装饰、结构上也无不体现出了文人谦逊内敛、朴素无华的精神和气质。作为明代文人墨客和能工巧匠智慧的结晶，明式家具多以造型简洁、线条流畅、内敛无华见胜，极具文人气质。

明代家具的用材包括木材类、石材类、漆类和少量的金属配件。其中木材作为制作家具的主要材料，种类颇多，典型的有花梨、紫檀、鸡翅木、铁梨木等硬木，还有楠木、樟木、胡桃木、榆木及其他硬杂木，而其中又以黄花梨的使用最广。

（一）木材类

根据有关文字资料表明，由明至清初，一般日用居室家具是多以优质硬木为主要材料的。与建筑“大木作”相比，这些家具最早被称为“细木家具”，或者“小木家伙”，这是因为“细木家具”主要采用江南地区盛产的榉木。明朝以降，海

鸡翅木画案

明 长178厘米 宽71厘米 高83厘米

禁日开，海陆交通贸易发达，大量名贵木材从海外运往内地，其中尤以紫檀木、黄花梨木、鸡翅木为贵，不仅为明式家具，也为明式家具雕刻艺术的发展提供了极为重要的物质载体。至明中期以后，更多地选用黄花梨、紫檀等品种的木材。当时人们把这些花纹美丽的木材统称为“文木”。特别是在晚明文人的直接参与和积极倡导下，以黄花梨为主要材料的家具随即风行并以鲜明的造型风格迅速蔓延开来。

明末清初，社会动荡不安，可家具的发展并未因战乱而停滞。崇祯年间的家具虽没有什么创新，但从形制、工艺、装饰、用材等各方面都日趋成熟。大量进口

紫檀南官帽椅

明 长57.5厘米 宽44.5厘米 高94厘米

的硬木木料，如紫檀、花梨木、红木都得到社会上层人士和文人雅士的喜爱。由于家具的制作和雕刻非常强调材质的性能和特点，材质要具有坚韧的质地，厚重的色泽，细密的纹理。于是，大量进口的名贵硬木良材使人们在近乎百般挑剔的过程中找到了答案，由此也产生了我国古代传统木质家具的黄金时代。

在这些硬木中，紫檀木从深黑到紫红，有金属般的色泽和绸缎般的质感，它的材质坚硬，纹理缜密，适于雕刻。可以说，明式家具中以紫檀雕制而成的优秀作品足以代表中国古典家具的最高制作水平。黄花梨木呈棕黄色或棕红色，华贵而富有耐性，具有不易开裂、不易变形、便于造型、利于雕刻等诸多优点，是与紫檀有异曲同工之妙的制作家具的最优良木材之一。这些硬木色泽柔和、纹理清晰坚硬而又富有弹性，对家具的造型结构、艺术效果产生了很大的影响。其中色泽淡雅、花纹美丽的黄花梨木效果最好，成为制作高档家具的首选材料。由于木质坚硬，面有弹性，是比较珍贵的木料，所以家具用木料横断面制作的情况极少。加上榫卯结构严谨科学，不用钉子少用胶，既美观又牢固，历经数百年依然如故，不易损坏，有“千年牢”之誉。再者，硬木木质坚硬而富有弹性，本身色泽、纹理都很美观，所以明代家具很少用罩漆，只擦上一层薄薄的透明蜡，就可显示出木材本身的质感和自然美。

与此同时，许多国产名木如南方的与黄花梨接近的铁梨木、榉木，北方的核桃木等大量柴木，也得到广泛使用。另外，还有用于装饰的黄杨木和瘿木以及专做箱柜的樟木等都被广泛使用。在装饰上有浮雕、镂雕以及各种曲线线刻，既丰富又有节制，使得这一时期的家具刚柔相济,洗练中显出精致；白铜合页、把手、紧固件或其他配件恰到好处地为家具增添了有效的装饰作用，在色彩上也相得益彰。

（二）石材类

除全部采用石材加工制作的石质家具外，明清木质家具中石材的应用也较多见。其石材常以板材形式，用于桌案面心、插屏的屏心、罗汉床的靠背扶手、柜门的门心、坐墩的面心、椅子靠背等。石材种类不仅有质量上乘的玉石，还有以纹理见长的大理石、花斑石以及以颜色见长的各种白石、紫石、青石、绿石和黄石等等。通常情况下，玉石在家具上的装饰在明代较少，材料也不大，所见者如在圈

鸡翅木文房小橱

明 长54厘米 宽29厘米 高73.5厘米

黄花梨嵌石插屏

明

椅、南官帽椅的靠背上镶嵌各种透雕、浮雕的玉片。相比之下，以纹理见长的大理石和各种颜色石材使用就多一些。常见的如桌案类家具中的桌案面、椅子的靠背、凳子的凳面以及插屏的屏心等等。且尤以大理石为多，以石面有自然形成的“山川烟云”图案为上品，力求体现山水画中水墨氤氲的艺术效果，令人赏心悦目。与明代相比，清代家具使用石材作为装饰的情况更多，从地域分布看，广式家具的坐具用石材做面心的更多。

在家具上使用最多的是大理石，多取大片石材镶嵌。大理石产于云南大理县点苍山，故有资料也称之为“点苍石”。纹理精美的大理石，犹如自然界中的山水云雾、危峰断壑、飞瀑流云，其花纹千变万化，奇妙异常。这一点在清代赵汝珍《古玩指南》有载，其言：“白色大理石以洁白如玉者为上品，杂色者以天成山水云烟如米氏画境者为佳，否则均不为贵也。”

黄花梨有柜膛方角柜

明　长101.5厘米　宽57.5厘米　高193厘米

就纹饰而言，大理石大致可分为彩花石、云灰石、纯白石和水墨石四种。其质地坚硬，光亮润滑，石质基本相同，但色彩却各有特点。此外，还有南阳玉石、菊花石和汉白玉也是镶嵌良材。限于篇幅，此处不作赘述。

（三）金属类

是指明清家具常用金属饰件，其功能多样，造型各异，制作工艺也十分精湛，被广泛应用于各种明清家具中。如明清家具中的柜、箱、橱、椅及屏风等家具尤为多见，其造型的设计与家具的整体造型密切相关，充分反映出了明清家具在结构、装饰、实用三者关系中成熟的艺术处理手法。

这些金属饰件的种类有很多，有的具有不可或缺的功用，有的对家具起到了加固保护的作用，同时又为家具的装饰添光加彩。具体有合页、面页、扭头、吊牌、包角、锁插、拍子、提环等，多用錾花、鎏金、锤合等技法制作而成，其面上有各种花纹，精美华丽，强烈的金属质感和光泽与家具木质纹理形成不同色彩、不同质感的光鲜对比，相得益彰，使明清家具更臻于完美。

合页多用于箱子和柜子上，是箱盖和柜门开合的中轴性构件，由两块铜板共同间隔包裹一根铜轴组成，可开可合，故名合页。合页的造型很多，有长方形、圆形、云蝠形、菱花形等各种花边的。分为明钉和暗爪两种，明钉常用特制的浮钉钉牢，暗爪则是在合页内侧焊接两条或三条铜爪，铜爪由两条铜片组成，安装时先用钻在边框上打眼，将暗爪穿过去后，再将透出木框部分向两侧劈分，使合页坚实牢固。

黄花梨小柜

明 长44.5厘米 宽29厘米 高59.5厘米

面页是在箱柜中间用以衬托扭头、吊牌的饰件，也有固定扭头和吊牌的作用。通常由两块或三块组成，或左右、或上下使用。由于官皮箱的结构特点，面页分为三个部分，其中上面占整个图案的一半，下半部则又分左右两片，成对称状，待箱盖盖合后即形成一个完整的面页。

扭头是为上锁而备的饰件，通常在附开的门边上各装一个，如果两门中间有立闩，则在立闩上也装一个。

吊牌是便于牵引柜门或拍屉的饰件，较大的器物则用吊环，都用曲曲固定在家具的特定部位。常见的吊牌、吊环多种多样，上面雕刻各式花纹，是装饰性较强的饰件。

拍子是装在箱匣类上盖前脸正中部位的饰件。

提环是装在箱匣两侧供提取搬运而设置的一种构件。

明清家具中的金属饰件材料主要有金、银、铜、铁。金银主要作镶嵌装饰，常采用金和银做成的薄片或打成极细的金银丝作镶嵌。铜、铁主要做成明清硬木家具上所用的铜饰件和铁饰件。铁饰件主要用于家具包角和接缝处，饰件面上往往采用錾花嵌金银丝，制作时用雕刀在饰件上戗画出各种美妙的纹理，金工称为“錾花”。铜饰件有白铜和黄铜之分，是家具

黄花梨官皮箱

明 长33厘米 宽26厘米 高36厘米

上应用最多的一种饰件材料。这些铜饰件的应用破除了单纯木质家具的沉寂和弥补了某些结构上的缺憾。时久铜饰件在氧化作用下，出现了铜质材料特有的锈斑，更显得古趣盎然。

明代家具中以金属为饰件，大多为保护端角或为加固焦点而设置的，其次才是美化的作用。饰件主要用白铜作材料，白铜为铜镍合金，色泽柔和，远胜黄铜。在帝王使用的高级坐具上，还有一种铁板上錾阳纹、锤上金银丝的镀金金属件。面页、合页常作圆形、矩形、长方形、如意云头形等。

五、明代家具的装饰特点

明代家具以做工精巧、造型优美、风格典雅著称于世，是具有特定时代造型风格的家具。其以结构上的合理化与造型上的艺术化，充分地展示出简洁、明快、质朴的艺术风貌，并将雅俗熔于一炉，雅而致用，俗不伤雅，形成了“结构严谨，线条流畅，工艺精良，漆泽光亮”的特点，达到美学、力学、功用三者的完美统一。

明代家具独特风格的形成是在历史背景、文化艺术、材料工艺等多种因素作用下的结果。其装饰特点亦然。由于明代家具的完美，我们亦不能将其装饰特点从造型、材料、结构、纹饰中机械地割裂开来，故而，本书依旧从这几个方面试作阐述。

（一）造型

严格的比例关系是家具造型的基础。在这一点上，明代家具在其整体造型与局部的比例、主体部位与局部的形态和装饰

黄花梨酒桌

明 长69厘米 宽40厘米 高80厘米

都极为匀称而协调。这就是尽管明代家具在造型上式样纷呈，变化多端，但“简练”却是其共有的特点，其线条概括、流畅、舒展，给人以静而美、简而稳、疏朗而空灵的艺术之美。它不以繁缛的花饰取胜，而着重于家具外部轮廓的线条变化，因物而异，各呈其姿，给人以强烈的线条美。如“S”形椅背，既符合人的生理特点，又别具一格。

典型的如椅子、桌子等家具，其上部与下部，其腿足、枨、靠背、搭脑等部位，其高低、长短、粗细、宽窄，都令人感到无可挑剔的匀称、协调，并且极其符合使用功能的要求，没有多余的累赘，整体感觉就是线的组合。如明式家具中的罗锅枨、三弯腿、透光、膨牙、鼓腿、内翻马蹄、云纹牙头、鼓钉等，既具备了加固、支撑等实用的功能，又起到了点缀美化的作用，体现着雕刻工艺的特征。再如

线脚的变化和运用，即通过家具边框、边缘的线条造型，使其产生平面、凹面、凸面、阴线、阳线、粗线、细线、直线、弧线等不同比例的搭配组合，从而产生极富动感的韵律，形成千变万化的几何形断面，达到鲜明的装饰效果，极富艺术情趣。不同风格的家具，采用不同的线脚，会产生截然不同的装饰效果。其各个部件的线条，均呈挺拔秀丽之势。刚柔相济，线条挺而不僵，柔而不弱，表现出简练、质朴、典雅、大方之美。

不仅如此，明代家具也非常重视在陈设环境中的主次关系，其造型结构也大多与陈设环境相融洽，如厅堂等建筑环境中的家具造型就略微高大，使之与高大的环境相匹配，达到主次井然、和谐有致的陈设使用效果。

（二）结构

明式家具的整体结构以框架式样为主要形式，其做工精细，结构严谨，尤以变化万端、极富科学性的榫卯结构将各个部位精密地组合成一个整体，令人称奇。

明代家具的结构组合不用钉子少用胶，不受自然条件潮湿或干燥的影响，制作上采用攒边等做法。在跨度较大的局部之间，镶以牙板、牙条、圈口、券口、矮佬、霸王枨、罗锅枨、卡子花等等，既美观，又加强了牢固性。

明代家具的结构设计，是科学和艺术的完美结合。时至今日，经过几百年的变迁，家具仍然牢固如初，可见明代家具的榫卯结构有很高的科学性。

（三）材料

明代硬木家具的用材，多数为黄花梨、紫檀等名贵硬木。其质地缜密、坚硬，纹理细密，不翘不裂，不易变形扭曲，具有良好的加工性能，极适宜各复杂多变的榫卯结构的组合。加之制作精湛，榫卯结构咬合极为精密，使家具构件的断面经年坚实牢靠，各结合部位不松不脱不变形，工艺达到了相当高的水平。再者，黄花梨、紫檀等硬木木材纹理自然优美，有的色泽深沉，有的呈现出羽毛兽面等朦胧形象，令人产生不尽的遐想。

而明代家具则充分利用木材的纹理优势，发挥硬木材料本身的自然美，又成为明代硬木家具的另一大特点。工匠们在制作时，除了精工细作之外，对木材多不加漆饰，也不作大面积装饰，充分发挥、充分利用木材本身的色调和纹理的特长，形成了明代家具朴实高雅、秀丽端庄、韵味浓郁、刚柔相济的独特风格，具有独特的审美趣味。

紫檀小书橱（一对）

明 长44厘米 宽23.5厘米 高74厘米

清代家具风格特征

一、清代家具与明代家具

在我国古典家具发展史上，明清时期是我国传统家具的黄金时代。这一时期，明代家具以秀丽端庄的造型、简洁朴实的装饰、缜密细致的榫卯结构，集造型、装饰、工艺、材料、功用于一体，达到了尽善尽美的境地，表现出了韵味浓郁、刚柔相济的时代特色，被世人誉为东方艺术的一颗明珠，在世界家具体系中享有盛名。

与明代家具相比而言，清代家具则截然相反。尽管清代在前期仍保留有明代家具的风格，但总体上却一改明代家具清新、疏朗的时代特色，由明代家具所注重

紫檀西番莲纹有带托泥大方凳

清乾隆 长62厘米 宽62厘米 高52厘米

的"意"逐渐趋向清代家具的"势"，由重神态变为重形式，在追求新奇中走向烦琐，在追求华贵中走向奢靡，形成了清代家具设计巧妙、装饰华丽、做工精细、富于变化的时代特点。尤其是乾隆时期数量众多的宫廷家具，其种类之多、造型之繁、材质之优、工艺之精、装饰之华美，都达到了无以复加的地步，也正是因为如此，从而确立了清式家具造型浑厚、气势沉稳、整体装饰烦琐富丽的时代风格。

但事实上，在经历近三百年的历史过程中，清代家具也在不同的时间段中、不同的文化背景下、不同的区域内形成了不同风格、不同流派、不同质地的各式家具，并在继承、演变、发展中形成某一地域的独立风格。

正如中国历史上的众多朝野更替一样，一个时代的结束则意味着另一个新时代的开启，其标志首先是统治阶层和政治主张的更替和更新，其次才是在上层建筑的影响下经济、文化、艺术等所产生的变化，而其变化也是随着时间的推移逐渐显现出来。清代家具亦是如此。作为一种具有工艺性的实用器物，清代家具总体形制风格的发展轨迹，既与清王朝的起伏相向，又具有作为工艺品发展的自身特点。

有清一朝，起自1644年，终于1911年，其政治、经济、文化也经历了初创、发展、鼎盛、衰败和灭亡不同阶段。

而明清之际，尤其在清代前期，家具仍处于继承和沿袭明代传统风格的状态，仍有大量的"明式家具"在源源不断的生产和制作。究其品种与形制，与明代

黄花梨束腰方凳

清 长52厘米 宽52厘米 高51厘米

红木嵌云石三弯腿扶手椅

清 长68厘米 宽56厘米 高110厘米

家具并无多大变化，以致今日，在现有相当数量的"明式家具"中，就很难准确断定其生产制作的年代，也就是说很难界定其是明代还是清代初期的制品。也正是因

为如此，明代家具的概念得以衍生而被名为“明式”，并将清代早期生产制作的具有明代家具特征的家具一并归入“明式家具”的范畴之内。于是，明清家具就有了明代家具和明式家具、清代家具和清式家具之别。

本文仅将清代家具和清式家具之别略作简要论述。

从字面意思上看，清代是指在清代统治阶级建立政权之始至政权灭亡的时间概念，清代家具则指的是这一特定时期内生产加工的家具，并不难理解。而清式家具不同，是以清代宫廷尤其是在康熙、雍正、乾隆三朝生产使用为代表的皇家宫廷家具，是造型和风格的一种表现和概括。由雍正至乾隆，清廷经济繁荣，国库充实，全国普遍呈现出繁荣昌盛的景象，家具的生产也达到了高峰。乾隆时期，家具的生产尤其是宫廷家具生产和制作，其材质优良、做工细腻，以装饰见长，多种材料和工艺的结合，使此期的宫廷家具工艺达到无以复加的精良程度。可以说，乾隆时期的家具，是清式家具的代表。乾隆以后，清式家具风格正式确立，并逐渐在皇族权贵中盛行开来。与此同时，“明式家具”虽仍有生产制作，但艺术水准已日趋低下，鲜有上乘之作。

道光以后，经历了鸦片战争的清政府日趋腐败，中国社会进入了半殖民地半封建社会，国势衰微。纵观全国家具，其造型风格亦如晚清渐趋颓废的政局，不仅用料做工日渐粗陋，造型呆板，而且装饰手法僵化拼凑，装饰媚俗，令人不堪入目，风光不再。

尽管清式家具是以清中期皇家家具风格为主导，但事实上，清代早期家具是明代家具的一种延续，造型风格更接近明代，而清中期以后的家具也是在宫廷和民

紫檀雕云龙海水纹玺印盒盖

清乾隆　长13厘米　宽13.5厘米　高13.5厘米

黄花梨髹玳瑁漆多宝槅

清早期　长101厘米　宽39厘米　高168厘米

紫檀嵌瘿木有束腰三弯腿炕桌

清 长69.5厘米 宽38.5厘米 高31厘米

间的相互影响和交流中发展起来的，并形成了苏作、广作、京作等具有明显地域特色的民间家具制作风格，从而也就形成了清代家具品种丰富、式样多变、追求奇巧的总体特征。

清代家具是历史发展的产物，也是满汉文化相结合的产物。究其发展变化，由产生、壮大、鼎盛，再至衰败乃至消亡的原因，亦无一例外地由清代不同时期的政治环境、社会风尚以及人们的生活习俗和艺术趣味的变化所致。为详述多种因素作用下清代家具的变化和发展，本书试结合清代不同发展阶段将其分为以下几个阶段论述。

紫檀束腰翘头几

清早期 长140厘米 宽39厘米 高84厘米

二、清代家具发展的四个时期及其特点

我们知道，清代有近三百年的发展历史，历时跨度大，在不同时期其政治、经济、文化、艺术也均有较大的变化。家具亦然。根据清代各时期家具的总体造型风格，我们常将清代家具分为清早期、清中期、清中晚期和清末四个时期。其中，清早期即顺治康熙时期的家具虽为清代生产，但不论是工艺水平，还是工匠的技艺，都依然是明代的一种延续，仍属明式，而后三期的家具，则呈现出了与明式截然不同的造型风格特点，是典型的清式家具。

（一）承袭期

即大致历经顺治、康熙初期两个朝代，为清早期，约1644～1722年。这一时期的家具结构变化不大，造型依旧保持着典雅朴素的风格，非似中期那么浑厚、凝重，用材也不似中期那么宽绰，特别是宫中家具，常用色泽深、质地密、纹理细的珍贵硬木，其中以紫檀木为首选，其次是花梨木和鸡翅木。用料讲究清一色，各种木料不混用。同时，为了保证外观色泽纹理的一致和坚固牢靠，有的家具构件均采用一木连作，而不用小材料拼接。在装饰上，也于明代家具一般崇尚作局部雕饰，非似中期饱满、繁缛而富丽，与明代家具保持有高度的一致性和相似度。故而说，清早期的家具无论是工艺水平，还是工匠的技艺，都还是明代家具的延续。这一点，王世襄先生曾指出，明式家具“其狭义则指明至清前期材美良工，造型优美的家具”。“清前期家具可以分为三类：第一类是悉依明代的规矩法度，造型结构，全无差异，以致现在不容易判断其确切年代是明还是清，但其中肯定有清代的制品。第二类是形式大貌仍是明式，但某些构件或局部的工艺手法出现了清式的意趣。……第三类是造型与装饰和明式有显著的变化，因而不能再称之为明式，不过在清代家具中还算是出现得较早的。”（《明式家具研究》文字卷第20页）

清早期的家具主要是王先生所说的第一、二类，第三类主要存在于康熙晚期和雍正时期。

再者，清初的柴木家具是明式家具中的精品，许多柴木家具风格淳厚、造型敦实，体现出来自民间的审美情趣。在柴木家具当中，以山西作为最优，河北、山东也不乏佳作精品。

黄花梨南官帽椅

清 长54厘米 宽42厘米 高97厘米

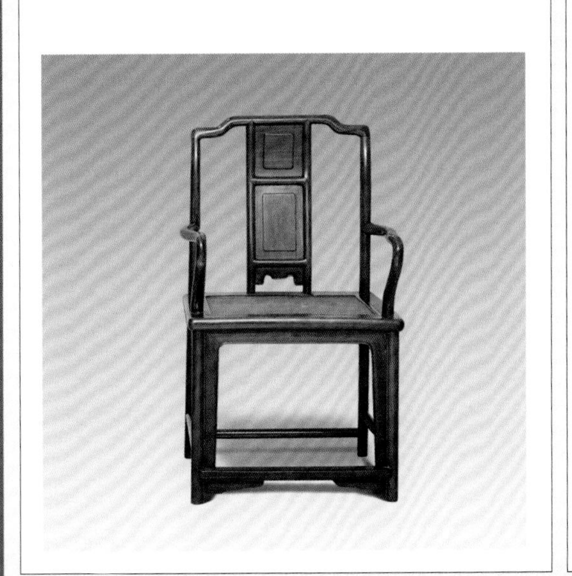

黄花梨春凳

清早期 长119厘米 宽39厘米 高51厘米

紫檀四平小香案

清　长89厘米　宽32厘米　高80厘米

紫檀嵌牙饰宝座

清　长105厘米　高102厘米

（二）**鼎盛期**

是指康熙末和雍正、乾隆时期，即清中期，从1662年起，到1795年止，历时130多年。在此期间，由于统治者相继施行一系列缓和阶级矛盾、民族矛盾，维护统一多民族国家的政治、经济措施，在相当长的一段时间内保证了社会的安定，人民得以安心生产，从而使社会经济从明末清初的战争中得以恢复，并迅速发展。农业、手工业、商业、对外贸易都发展到一定规模，全国上下呈现繁荣景象。这一时期，是清代社会政治的稳定期，社会经济的发达期，是历史上公认的清盛世时期，也是清代家具的发展鼎盛期。尤其乾隆一代60年，既是清帝国极盛的一代，又是由盛而衰的转折时期。这一时期，家具的生产也随着社会发展、人们生活的需要和科技的进步，呈兴旺发达的局面。家具的造型、结构、品种、式样，都有不少的创新，生产技术也有所进步，不仅同步达到顶峰，而且反映出当时的社会政治经济背景以及清上层社会的思想特征和气质。装饰过于繁复的清式家具，大多出自乾隆时期。

在康熙中期以后，随着上层阶层财富的不断积累，清朝贵族开始追求物质和生活享受，不仅一方面大肆兴建皇家园林，而且还征调各地的名工巧匠，为之生产和加工各种陈设器、生活用品和把玩品。根据文献记载，始创于康熙初年的清宫造办处，最初仅设在养心殿四周的平房内，后来由于宫内需要增加，造办处必须扩建，至康熙三十年，造办处由养心殿迁至慈宁宫，房间多达151间，可见当时扩大后的规模。不仅如此，极富有学养的康熙、雍正、乾隆三帝也都无不热衷于此，为彰显皇家堂堂之威仪，均积极展示自己的“才华”。不论大到皇家御苑的规划设计，还是具体到一件家具的形制、用料、尺寸、装饰内容都表现出极大的热情，甚至连摆放的位置都要过问。雍乾二朝，皇帝本人甚至亲自过问家具的制作样式，对宫廷家具提出了更高标准。在《清内务府养心殿造办处各作承做活计清档》中可看到他们对家具线脚、样式、装饰等方面的具体要求。在物质基础丰厚的清中期，经济繁荣，身处上层的达官显贵不论是朝廷贵人抑或是民间富贾，为了炫耀荣华富贵，衣食住行等生活方面都以极尽奢华为能事，社会奢靡之风盛行。同样，明式家具的式样也渐渐不能满足社会的需求，尤其是不能满足上等阶层的审美口味，于是新的造型和装饰手段开始产生，并在自上而下的

紫檀高束腰缠枝莲花几（一对）

清 长38.5厘米 宽39厘米 高75厘米

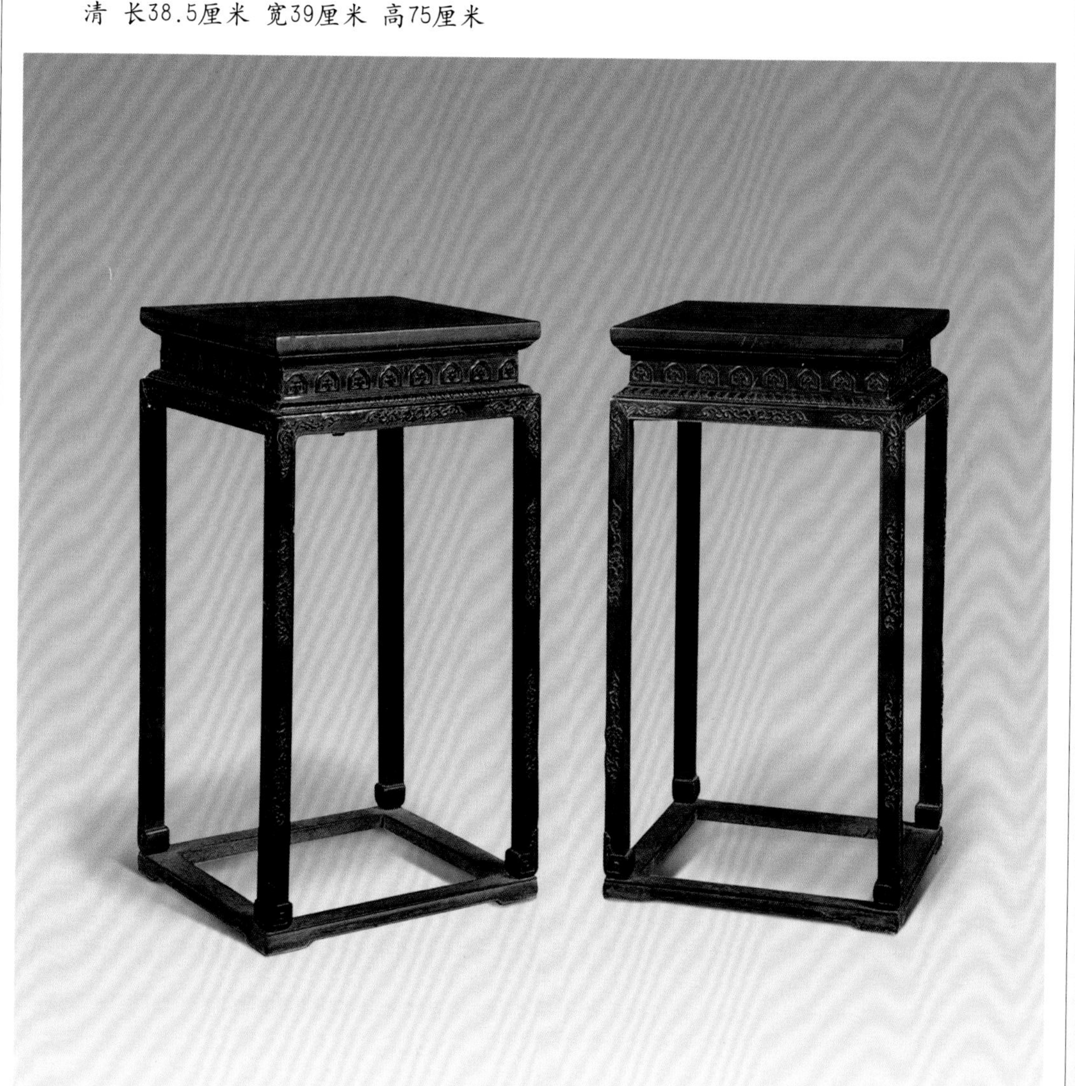

红木嵌瘿木面香几

清 几面直径39厘米 高54厘米

影响下，一改明式家具挺秀、简洁、洗练、雅致的韵味。又因材料充裕，此期的家具往往在材料的应用上极尽奢华，为追求富丽而不吝用料，不管部件大小，多一木制成，并且加大器物尺寸，用料宽绰。在制作工艺上，此期的家具均选材精良，在纹饰上求多、求满、求华丽，精工细作，雕琢纤毫毕现，以追求纤琐繁缛的装饰美感，甚至采用多种材料并用、多种工艺结合的手法，有的还将大量的玉石、宝石、珊瑚等珍宝镶嵌于家具上，运用各种精湛的技艺，将意喻吉祥美好的繁缛纹饰，集雕、嵌、绘、漆等高超技艺施予其上，以求其华丽富贵的装饰效果。典型的如清代太师椅的造型，便最能体现其风格特点，它的座面宽大，靠背饱满，椅腿粗壮，整体造型像宝座一样雄伟、庄重。总之，清中期宫廷家具一改前期风貌，以精良的制作材料，精湛细腻的制作工艺和沉稳、浑厚、庄重、伟岸的艺术造型及突出繁复的纹饰雕刻，给人另一种清新典雅之美的艺术享受。至乾隆年间，以宫廷家具为代表的清代家具达到了鼎盛状态，也形成了我国古代家具史上继明代家具之后的又一高峰。

（三）转型期

此期历经嘉庆、道光两朝，即清中晚期，约在1796～1850年间的近50年时间。其主要特点是以宫廷家具渐趋转型终结和城市中上层人群家具的勃然兴起和壮大。

嘉庆后，随着国势衰微，外来文化的冲击日益激烈。受此影响，传统的家具风格受到冲击，从家具的工艺技术和造型艺术上讲，嘉庆时期曾出现了长时间的停滞。从当时皇家造办处的文件档案中可以看出，随着工作量的减少，家具生产日益衰落。造办处的家具基本处于停止或半停止的状态，宫廷家具史在此已经终结。

与此同时的西方国家早已进入资本主义，政治革命、工业革命和科学革命频频，而中国依然沉浸在自给自足的农业社会里，闭关自守，自我满足。1840～1842年的鸦片战争、1856～1860年的第二次鸦片战争、1894～1895年的甲午战争使中国沦为半封建、半殖民地国家，被迫打开国门，接二连三的灾难使人们不得不重新审视传统的价值观。道光年间的1840年，首次鸦片战争爆发，带来的后果是一系列的中外不平等条约的签订。也正是1840年，中英《南京条约》标志着中外商品交流关系产生了新的变化，新的商品经济出现。

这一时期，外族入侵，国家形势处

紫檀镶绿端石面香几

清 长69厘米 宽36.5厘米 高79.5厘米

红木小桌

清 长75厘米 宽40厘米

于动荡之时，以宫廷家具为代表的清式家具其主导地位在新的商品经济中被逐渐打破。随着异国经济文化的输入，以皇家权贵和巨商富贾为代表的民间新型贵族势力形成，他们在变化的国势、文化、思潮中遂产生了新的需求和审美口味，并形成了新的消费群体。尽管清宫造办处仍有大量的宫廷家具生产，但已远不能与往日乾隆时期造型雄伟、浑厚，装饰富丽的家具相比。清代宫廷家具的重心逐渐分散，转而形成了京城及广州、苏州、扬州等数个沿海城市的清代家具制作消费格局。同时，随着各地私家园林府邸的大肆兴建，迅速地打开了以家具为主要消费方式的市场缺

红木有束腰马蹄腿直管脚枨大方凳

清 长54.5厘米 宽54.5厘米 43.5厘米

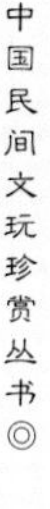

红木大香几

清 几面直径46厘米 高103厘米

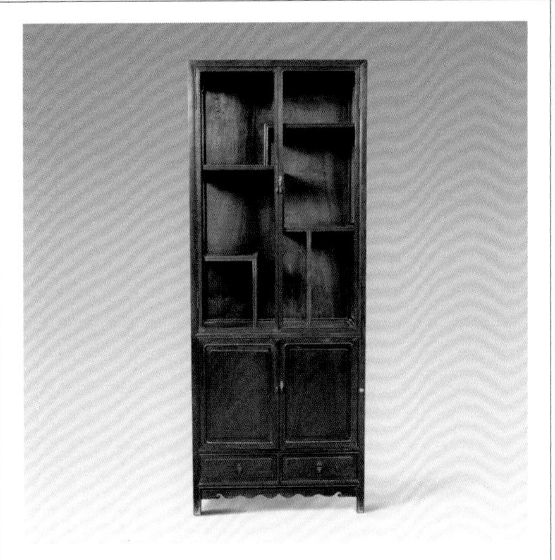

红木博古架

清 长81.5厘米 宽81.5厘米 高84厘米

口，加速了清代家具由宫廷皇家气度向民间世俗、粗陋风格的转变。这一时期，尽管仍有宫廷家具或仿宫廷家具生产，也有部分家具保留有清宫家具造型稳健、装饰豪华的共性，但从整体来说，以紫檀、黄花梨为材料的家具渐趋稀少，而以酸枝木为主、数量众多的仿宫廷的民间家具逐渐成为社会消费的主流。

（四）没落期

即清末同治光绪时期，约1862～1908年。此期是我国传统家具业逐渐走向衰落的一段历史。

道光时，晚清的中国遭受了两次鸦片战争的摧残，社会经济日渐衰微，至光绪时又再次经历了甲午战争的重创，内忧外患接踵而至，中国遭受着外国列强的任意宰割，社会经济江河日下。道光年间以后，家具业曾经灿烂的光辉也随之黯淡了下来。随着外国资本主义经济、文明以及教会的输入，我国封闭式的自主经济产生了巨大的变化，文化领域也随之出现了新的面貌。曾经引以为豪的清式宫廷家具风光不再，继之而来的则是空前活跃状态的民间家具，“旧时王谢堂前燕，飞入寻常百姓家”已成为家具消费的基本现实。在新的资本主义经济关系的作用下，在家具生产消费的各个过程中，木材的进口、分销、生产、销售等诸多环节无不以控制成本、争取利润、求新求奇为目标，以灵活多变的营销思路和方法，迎合时尚，满足不同市场的需求，从而形成了此期家具功能全面、造型多样、制作粗俗简陋的整体面貌。更令人玩味的是，寻常百姓堂前燕，飞上帝王庙堂间，连光绪皇帝大婚的家具也都交由民间木器作坊制造，其粗俗、简陋尤为明显。光绪二十至三十年，市面上流行的家具大批进入颐和园，这是一种历史的反讽，还是一个历史的必然？

令人玩味。

民间家具仍以京作、苏作、广作为主，尽管京城集中了大批能工巧匠，但制出的家具却呆板乏力、形式庸俗，少见上乘之作。苏作家具也一扫往日的高雅朴实，而变得僵硬和程式化，诸如一些江南名园中的硬木家具遗存便是这一时期的产品。与此同时，在外来文化的影响下，此期家具也表现出了一些新的特点。一些家具在造型、纹饰和工艺上都表现出了西洋元素，开始向中西结合的方向转变。这种情况在作为经济口岸的广东表现得最为明显。其明显吸收了法国建筑和家具上的洛可可风格，追求夸张的曲线美，并施以过多装饰，甚至堆砌，如狮爪脚、贝壳饰、卷草纹等在广作家具中多有出现。木材要求也不高，做工也十分毛糙，整体上产生了堆砌、烦琐的感觉。

或因民国时期我国民家间具仍保留有清代家具的某些特点，故而还有学者还将民国家具一并纳入清末家具的范畴之内。

民国时期是中国历史上的大动荡大转变时期。这一时期，随着资本主义经济在中国的发展和西方政治思想学说的传播，代表新兴资产阶级的政治势力开始登上中国的政治舞台。其政治上完全效仿欧美的制度，经济上采用资本主义经济体制，文化上引进外国先进文化，以农业生产为中心的自给自足的传统生活方式完全被打乱，取而代之的是国外城市生活模式的追慕和效仿。由于城市生活方式和审美情趣的改变，家具的设计思路也产生了重大变化。市场上加工销售的家具中既有传统风格的清代家具，也有拿来主义的西洋家具，还有相当部分的中西结合的“混血儿”，且都有一套自己的审美标准，从而形成了民国家具多样的总体风格。

在西方艺术审美观点的影响下，民国家具陈设的重点由客厅转至卧室。最为典型的如卧室中的床。将原有以床为中心

红木方形花架

清 高37厘米

红木博古架（一对）

清 长82厘米 宽26.5厘米 高120厘米

的私密性活动空间扩延至卧室之外，使卧室和家具的陈设及用途产生了新的要求。于是出现了受欧式家具影响而产生的新家具，其中变化最大、在社会上影响最深远的是片床、挂衣柜、梳妆台、穿衣镜等等，反映了民国时期城市居民的生活方式正在逐渐改变。但不论怎样，民国时期仍有一部分传统家具的追慕者和使用者，且有相当数量的传统家具遗存至今，这就说明，民国家具仍是清末传统家具的一抹余晖。

三、清代家具的种类

清代是我国工艺美术发展的集大成时代，建筑、冶金、陶瓷、玉器、织染、竹木牙雕等等各项工艺美术，不论从生产数量还是造型结构，不论是工艺技术抑或是装饰的华美程度，都是以往时代难以企及的。

家具发展到清代，从总体上说，种类虽与明代家具相比并无多大变化，但其造型在上层阶级的倡导下，仍出现了许多新的变化。有的是以全新的面目出现，有的是作了局部的改良，有的加大加高、加粗加壮，有的则在工艺上精雕细琢，有的装饰施以贴金、镶嵌等等，显得千变万化，富丽堂皇。清代家具的生产数量是巨大的，其以宫廷硬木家具为代表，以紫檀为主要材料，另有少量的黄花梨、酸枝木、鸡翅木等。再综合漆木家具及杂木家具，构成了清代家具数量庞大、种类繁多、装饰多变、分布广泛的整体特色。清代家具主要有以下几个种类：

红木雕夔龙纹平头案

清 长173厘米 高86厘米

紫檀小药箱

清 长18厘米 宽13厘米 高20厘米

（一）床类

主要有架子床、罗汉床和贵妃塌等，造型和数量都较明代要多，总体表现出形体宽大、注重雕工的特点，与明代有很大差别。

1.架子床

清康熙以后的架子床已与明代有很大区别。不仅在材质上有变化，最主要的是造型结构趋于华丽繁复，装饰图案更加注重雕工，如床围、挂檐和门罩上的图案多采用透雕的形式，顶盖正檐上还加饰匾额，床下两端采用“两头沉”的做法，设有封闭式的床头柜。清代的架子床形体宽大，用料粗壮，装饰上更为复杂、华贵，尤其以造型各异、纹饰多变的床围、门罩及挂檐的变化最多，充分显示了清代家具的用材精良、崇尚华丽、精工细作的特点。

2.罗汉床

与明代相比较，清代罗汉床的体形也

紫檀四柱灯笼锦围子架子床

明末清初 长211厘米 宽141厘米 高228厘米

较大。在结构上分无束腰和有束腰两类。除此之外，清代罗汉床还在围屏和腿足上表现出与明代的不同。自隋唐以来，罗汉床常陈设于宽敞的环境中予以待客之用，故而其造型和装饰也十分讲究。至清代，罗汉床不仅形体变大，而且装饰也较明代繁复了许多。如围屏在明代常为光素的三屏式，而至清代不仅有三屏，还有五屏、七屏者，中间部位高，两边高度依次递减，所以常常表现出正面围子中间高得有些别扭的感觉。再者，明代围屏多为通长式，屏面上也多光素，但至清代，围屏上渐渐多了很多装饰方法，如浮雕、透雕、彩绘、镶嵌等等，其中攒框镶嵌大理石的做法是明代所未见的。其做法是先用芯板夹住大理石，再装入框架中，有时由于石板不平，框架打槽也随形弯曲，凡此类施工手法，年代一般较早。

明清罗汉床弯曲的腿也有不同，相比而言，明代的含蓄而有力，而清代的则活泼而又夸张。

3.贵妃榻

贵妃榻是一种专供妇女小憩用的小榻，榻面狭小，因其一侧设有靠枕，有的还设有靠背，故可卧可坐，可依可躺，加之制作精致，造型优美，故名，又名“美人榻”。贵妃榻是清代很有特点的一种卧具，出现年代较晚，有的制作于光堵年间，有的则是民国时期生产。由于清晚期西洋文化的输入，清代贵妃榻还有许多西洋风格的，其中以广作生产的为多，大多为花梨木等红木所制。

（二）座椅类

清代座椅类的家具有宝座、太师椅、扶手椅、圈椅、交椅、凳、杌、墩等等，种类较明代为多，品种丰富，式样多变，造型及装饰风格多样。

1.宝座

清代的宝座以专供皇帝承坐的最具特

黄花梨有束腰罗汉床

清早期　长198厘米　宽115厘米　高80厘米

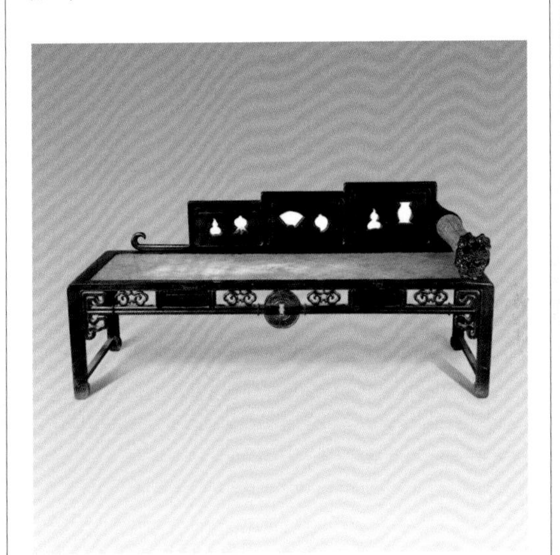

红木嵌大理石贵妃榻

民国　长178厘米　宽70厘米　高81厘米

点，一般陈设在皇帝和后妃寝宫的正殿明间最显要的位置，与之相配合使用的还有屏风、宫扇、香筒、香几和“太平有象”等陈设，是宫廷陈设形式之一，象征着至高无上的皇权。宝座虽仅供一人单独使用，但其形体一般都较宽大，其座面以下采用床榻做法，多用鼓腿膨牙、内翻马蹄的形式，以突出其稳重大方的特点。其背部多采用多屏式靠背，屏心嵌有精湛的雕刻。宝座大多以紫檀制作，取材厚重，造型庄重，雕饰精巧，装饰技法多种多样，装饰风格华丽。但也有雕漆、金漆宝座，其装饰瑰丽，尽显皇家的尊贵和豪华气派。典型的如太和殿的金漆云龙纹宝座，通高172厘米，座高49厘米，座面宽79厘米，以紫檀制成。其髹饰金漆的方法很是特别，用的是所谓“泥金”法，首先将金箔在胶水中研细，去胶晾干成为粉末后，用丝棉拂扫到打好金胶的座身上，最后罩

红木宝座

清 长120厘米 宽80厘米 高116厘米

半透明微黄漆而成。宝座的椅圈上盘绕着十三条金龙，须发直立，张牙舞爪。坐椅的高束腰处四面透雕双龙戏珠图案，其他诸如莲瓣、卷草、火珠、如意云头等纹样遍雕宝座全身。独特的造型和漆金工艺使宝座显得豪华气派、金光灿烂。坐于其上，确有君临天下、俯拥四海的气势。再者，市面上也曾有清雍正紫檀列屏式有束腰宝座流通，座宽109厘米，座深86.5厘米，背高102厘米。通体紫檀精制，五屏式座围，各屏心雕夔龙纹，搭脑后卷。其宝座座面下设束腰，上下各起阳线。鼓腿膨牙，牙条雕云纹中间下垂，卷云马蹄下承托泥。整器制作遵循礼制，造型沉稳庄重。

2.太师椅

太师椅由圈椅发展而来，在清代，人们习惯将一种造型稳重、尺寸硕大、做工繁复、设于厅堂的扶手椅、屏背椅等都称太师椅。常成对出现，有的为四件一组，

红木雕花太师椅(一对)

清 长65厘米 宽52厘米 高101.5厘米

红木拐子龙纹宝座

清 长107厘米 宽51厘米 高93厘米

还有六件、八件一组的，与八仙桌配套使用，多以偶数陈设于会见重要宾客的正房客厅，可见太师椅在人们的日常生活中占有重要地位。

太师椅最能体现清代家具的造型特点。其形体宽大，式样庄重，靠背与扶手连成一片，形成一个三扇、五扇或者是多扇的围屏。乾隆时期的太师椅一般都采用紫檀、花梨与红木等高级木材打制，还有镶瓷、镶石、镶珐琅等工艺。它们共同点在于椅背基本上是屏风式，靠背板、扶手与椅面皆成直角，样式庄重严谨，用料厚重，宽大夸张，装饰繁缛，这些特征都是为了突出显示主人的地位和身份，已经完全脱离了舒适而趋向于庄重。在清中期后，随着家具的发展，太师椅在广东发展很快并逐渐走进了寻常百姓家，广式太师椅在清代中期繁缛复杂的时尚中与做工细致、装饰精美的粤派雕刻结合在一起，成为精彩异常、充满富贵之气的广式精美座椅的代表。

3.扶手椅

清代扶手椅是最具有清代典型工艺风格特征的坐具之一，也是生产数量最多的一个品种。

从结构看，清代扶手椅是由明代屏风式罗汉床和宝座演变而来。其结构特征是上部为屏风式靠背和扶手，下部是一个

红木小扶手椅（一对）

清中期 长54厘米 宽43厘米 高90厘米

有束腰的杌凳，上下两部分用走马楔相连接，靠背、扶手、座面均相互垂直。清代扶手椅的用材有高档的紫檀、红木等，也有一般的柴木等多种。基本都使用方料，用料宽绰，体态敦实、庄重。其下半部分普遍有束腰，束腰下的牙板依多有装饰，方料直腿，足胫饰内翻马蹄。四足间的横枨均作直枨，且都设在同一水平面上。

清代扶手椅的另一特点是靠背和扶手极富有变化。如靠背造型有“山”字形通屏的；也有背板设为三屏的；也有中间设为背板、两侧与两扶手同饰以各种拐子龙的；还有的中间的背板为攒框式，镶嵌以大理石或者其他材质的木料和瘿木，中间雕以各种纹饰；还有的将靠背以整板雕成各种纹饰的，等等。其搭脑变化也非常之多，有的是为云纹，有的饰为灵芝纹，还有的饰为书卷形，样式极为繁多，很少见有式样、装饰完全相同者，令人称奇。

清代扶手椅的装饰不仅反映在靠背和扶手整体造型的变化中，有的还雕饰以各种纹饰，有的镶嵌以各种材料。在清代扶手椅的大家族中，广式的扶手椅装饰就表现得十分突出，其特点是多在椅子的搭脑、靠背、扶手、腿足，甚至是在变化万千的拐子龙和相应的构件上均嵌以螺钿，其纹饰之繁、工艺之精、装饰面之广，琳琅满目，令人目不暇接。

5.鹿角椅

清代乾隆皇帝的至宝——鹿角椅是椅类中的孤例，高131厘米，宽92厘米，纵深76.5厘米，是以天然鹿角为主要材料制成的椅子。椅作圈椅式，其椅背用一副鹿全

鸡翅木雕寿字扶手椅（一对）

清 长59厘米 宽45厘米 高106厘米

红木卷书式嵌大理石扶手椅成对

清中期 长63.7厘米 宽48.5厘米 高103.5厘米

角制成，其角根相连，倒置安插于用黄花梨木制成的座面上，角上前探弯曲的枝杈构成了圈椅的鹅脖和镰柄棍。椅子的后背用两支对称的鹿角相连，中间镶有紫檀木

靠背板，靠背上面刻有诗文。椅子的下半部用两只鹿的回支角制成，角叉对称向里恰巧形成托角枨，角根部分向外又形成外翻马蹄。椅面以平整光洁的紫檀木精制而成，大致呈窝腰圆角的方形，断面中镶一

鹿角椅

长94厘米 高130厘米

紫檀小方桌

清 长78厘米 宽78厘米 高79厘米

道象牙条作为界线。座面两侧及后部嵌骨雕勾云纹座牙，与鹿角圈背连接。椅前另附脚踏，亦用小鹿之角制成四足。

鹿角本系天然之物，枝丫多呈对生，以之作为扶手椅的主要材料，并使其造型和实用融为一体，且搭配和谐自然，结构对称完美，天人合一，足以显示出艺人大胆创新的精神和高超的艺术才能，是清代特有的家具品种。

（三）**桌案类**

主要有桌类的圆桌、半圆桌、方桌、琴桌、炕桌、书桌，条几（案）、供桌（案）、花几、茶几等许多种。清代桌案类家具整体造型上和明代相差不多，其大小形制也基本固定，变化较多的仅是一些细部结构。

1.方桌

明代方桌腿足多圆形，而清代的则多为方形，明代足胫多光素，而清代的则多饰有各种线条，如典型的内翻马蹄等。从结构上说，清代桌案大多都有束腰。有的还在横枨下饰有各种牙角；牙条最常见的式样是正中下垂洼膛肚，或雕刻以宝珠纹。清代桌案还多用各种材料在硬木桌进行镶嵌装饰，如木雕装饰、竹黄包镶、棕竹包镶、嵌竹、嵌瘿木等，工艺极为精巧，也是明代桌子中从未有的。

2.长桌、条桌

都是因桌面宽窄形状不同而得名，其基本特征是桌面平坦如砺，没有翘角。于明代相比，清代的长桌和条桌都较明代略大，材料上以紫檀、红木为多，多有束腰，常见方料直腿、三弯腿，足胫有简单

果木一腿三牙条桌

清早期 长209厘米 宽56厘米 高87厘米

雕饰。再者，清代的长桌和条桌都富于装饰，如桌面下的横枨中间多拱起，中间和两端腿足的位置均有各种雕花装饰，且造型丰富，手法多样。

清代的条桌和长桌用料都很宽绰，加之装饰较多，非似明代疏朗灵动，整体显得有些笨拙和呆板。

3.半圆桌、圆桌

在明代，圆桌多由两张半圆桌拼成，且数量不多。而至清代，圆桌有独面的和由两个半圆桌拼成的圆桌，从结构上讲，还有折叠圆桌和独腿圆桌等。

清代的圆桌和半圆桌数量相当，多有束腰，束腰下的牙板多浮雕有各种龙纹和瑞兽纹等；腿足多为方料三弯腿，腿的下端设有横枨或者团花状踏板，圆桌以四足相连的枨为主，半圆桌则多以拼接的踏板为多。独腿圆桌是清代桌类中的特例，其桌面一如圆桌，唯不同的是桌面下均由上下两端分叉为三足或四足，中间以独柱支撑桌面和地面，有的独柱腰部还雕饰以球状和粗细不等的弦纹。

在装饰材料的使用上，圆桌多见以大理石等石材镶嵌的桌面，而半圆桌这类情况则极为少见。但两者均有与主材不同的木材或者瘿木镶嵌的情况，

4.琴桌

琴桌在明清时期都较为常见，但以清

红木瘿木面板琴桌

清 长132厘米 宽45厘米 高83厘米

代为多，是专用于置琴的家具。其整体造型由面板和两块板足或两对柱足构成，比一般桌案略矮，形体狭长，桌面两端没有上卷，而多见方形或者下卷的书卷形，桌面前后设有对称的花板，多雕有图案或者流畅的绳纹，线条圆润流畅，不露锋芒。

5.炕桌

炕桌在清代的北京地区非常流行，因此凡在炕上所用的炕桌、炕案、炕几等家具种类较多，造型变化非常丰富，并且还产生了折叠腿、活腿等炕上和地下都可使用的桌，以及香几等等。与明代炕上桌案相比，清代的不仅造型趋于丰富，装饰趋于繁复，结构趋于复杂，且多有抽屉出现，是清代低矮型家具的发展倾向。

6.画桌、书桌、画案、书案

以上清代制品均在明代基础上有很大发展，具体表现在工艺上、装饰上的创新，其形体普遍厚重粗壮，体现出浑厚华丽的特点。如在桌面嵌石、木的风气就十分盛行，装饰花纹崇尚博古图案和仿洋式的番莲花草等。装饰风格追求豪华、繁细，外观上与明代桌案有着一定差别。

7.供桌

清代供桌的主要特征是造型高大，均高于一般桌几，制作精良。尤其在清中期和民国时期表现得尤为突出。

（四）屏类

本为遮蔽风尘、视线的屏风发展到了明清时期，制作工艺已达到十分完美的阶段，除了挡风、障蔽视线和分割空间之外，明清的屏风更多的是强调其装饰性能，它们大多是作为室内陈设品和室内装

红木炕桌

清 长94.5厘米 宽38厘米 高28厘米

明式紫檀供桌

清 长114厘米 宽57厘米 高79厘米

饰品而设置。典型的如现藏于北京故宫中的“紫檀雕云龙纹嵌玉石座屏风”，就象征着威严和权势，被看做王权的象征物而受到统治阶级的高度重视，堪称清代古典屏风的典型代表。其宏大气度和精湛工

红木带镜子小插屏

清 长41厘米 宽18厘米 高58厘米

木嵌玉花卉博古图插屏

清 高57.7厘米

艺，充分显示了皇家的特殊审美情趣。

在清代，屏风的种类已相当齐全，造型也十分繁多。主要类别有座屏类的插屏、台屏、镜屏，以及挂屏、围屏等等。其中围屏、座屏具有一定的实用性，具有分隔空间、遮挡视线、挡风的功能，而台屏、挂屏则以装饰为主。

1.座屏

是一种屏下有座的大型屏风，依其造型和使用功能的不同又可分为大型多扇座屏、插屏式单扇座屏(简称插屏)、台屏、镜屏等数种。

其中大型多扇座屏均由数个单扇座屏组成，数量有三扇、五扇、七扇甚至九扇的，常呈“八”字形陈设，其中位于中间的最高最大，两侧的依次递减，成对陈列。这类屏风多数放在正厅靠后墙的地方，然后在前边放上宝座或者床榻，如清代宫廷中，正殿明间都陈设有一组屏风，屏风前配以宝座、香几、宫扇、仙鹤、烛台等，是皇宫中特定的陈设形式。

在清代雍正时期，在座屏中出现了一种“半出腿”新造型，即屏座位于屏后的部分因靠墙而被“省略”了，只保留有屏座前端部分的“半出腿”，其目的一是为了节省空间，二来也能使座屏能够靠墙摆放。如故宫养心殿正间西过道门内，就因地方狭小立有一紫檀制作的半出腿穿衣镜，其背面靠墙，不但节省了空间，而且实现了镜子整肃仪容之用，是一件极具有清代宫廷特色的家具。

插屏一般是指带座的单扇屏，其尺寸有大有小，大者可当门而设，宽逾两米，高逾三米，有陈设兼间隔的功用。小插屏陈设在书桌、案头，专供观赏之用。有人也称之为台屏。

陈设于门口的插屏又称独扇屏风，也有大有小，在清代也十分多见。用材以紫檀、红木为主，造型变化不大，但屏心装饰的内容和风格却变化万千，有的镶嵌以大理石，有的镶嵌以百宝，有的施以描金、剔红，还有的镶以瓷板画等等，赏心悦目，是清代家具中集实用与观赏于一体的家具之一。一般来说，清宫或皇家贵族的座屏形制较大，装饰也较奢华，而民间的较为朴素，以实用为主。

清代案头的小插屏通常由屏座、屏框、屏心三部分组成。屏座常由紫檀、红木、鸡翅木等名贵木材制成，纹饰雕刻多采用鱼、蝙蝠、寿字等象征吉庆有余、福寿如意的题材。屏心材料多样，但以木为多，其正面常嵌有玉璧、螺钿、象牙以及八宝纹饰等，可谓极尽奢华。题材有山

大理石诗文插屏

清 高70.5厘米

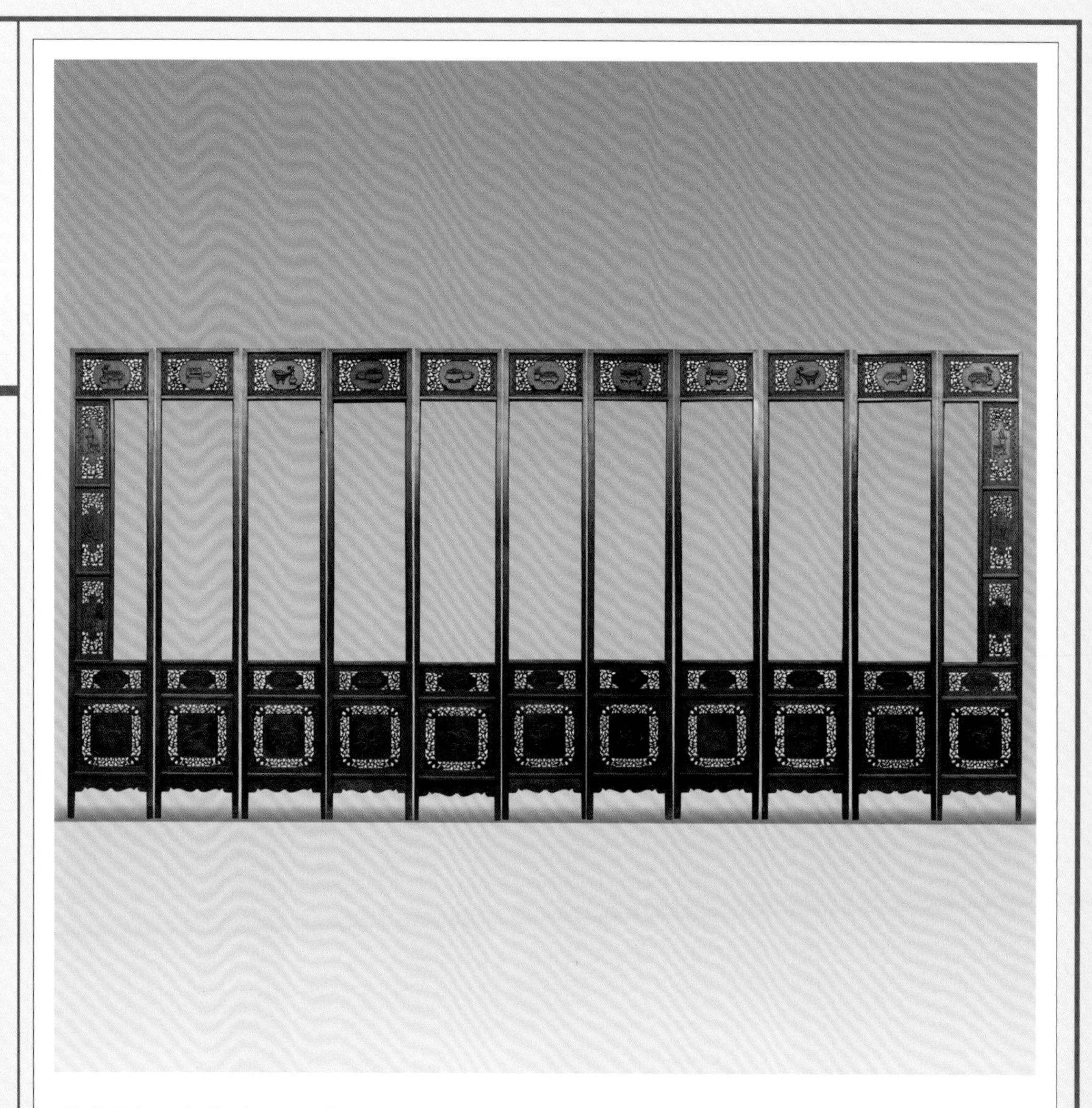

黄花梨寿字龙纹围屏十一扇

明末清初 高310厘米 宽696厘米

水、人物、博古纹等。背面通常刻有诗文和创作年代。清代台屏的形制一般都不大，但在崇尚工艺繁缛的社会大背景下，其制作更加考究、精密而成为一种极具装饰功能的艺术品。因其造型华丽多变，线条和谐流畅，集镶嵌、雕刻和诗书画等多种艺术形式于一身，是清代屏风艺术鼎盛时期的一个典型代表。

2．围屏

是一种由单扇组合而成的折叠屏风，常以偶数组成，有四扇屏、六扇屏、八扇屏、十二扇屏，无座，折曲放置，故也称作曲屏，属于活动性家具。明清围屏造型变化不大，但清代围屏屏心的装饰方法却非常之多，且各具特色。典型的有攒框拼出各种图案的，既轻巧，又透亮，还可以在裱糊的绫绢上绘以山水等。还有在屏心内施以金漆，镶嵌八宝纹饰的等等，有的还将诸多屏心的内容连接成一个整体，具有气势恢弘的视觉效果。总的来讲，清代围屏制作的工艺已非常精致，造型也新颖别致，装饰手法多样，如镶嵌、彩漆、雕花、雕漆等等，华丽多变，尤其是镶嵌的种类和雕刻形式更为丰富。

3．挂屏

指单面无座无脚挂在室内墙上的屏条，有横竖长短之分，多以木框制成，屏心镶嵌雕刻的绘画或书法作品，多和其他家具配套使用，起装饰作用。是传统室内墙面装饰的一个重要手段。

在清代，挂屏也十分流行。挂屏一般成对或成套使用，如四扇一组称四扇屏，八扇一组称八扇屏，也有中间挂一中堂，两边各挂一扇对联的。这种陈设形式，雍、乾两朝更是风行一时，在宫廷中皇帝和后妃们的寝宫内，几乎处处可见。在清中期，曾流行一种叫“天圆地方”的挂屏，即采用红木攒框，以瘿木、楠木等为屏心，并在屏心内掏空镶嵌上圆下方的大理石。小的四件一堂，大的也以两件一组配对，象征天地四方，正大光明。

4．镜屏

镜屏是由座屏发展而来，是清代晚期引入玻璃镜子后才出现的，其造型一般为座屏式，形体狭长而高耸，既可用作室内陈设，又可以借它整衣冠，俗称穿衣镜。

5.炕屏

是典型的清代家具。由于北方在冬天以生火的土炕取暖睡觉，同时也演变为一种交流的环境，故而在坑上也有炕桌、炕案等低矮型家具，炕屏也随之而诞生。炕屏一般设在寝室的后墙前，如同座屏一样，屏心饰有各种纹饰，有

紫檀锦纹框浮雕山水人物大挂屏

清中期 长159厘米 高91厘米

剔红嵌百宝葫芦形挂屏（一对）

民国 高68厘米

充当炕围子的作用。因是放在炕上使用的，尺寸较小。

（五）橱柜类

包括闷户橱、书柜、博古柜架、架格、箱等。明代总体以光素为主，而清代风格却大不相同，清代总体趋向高大、宽厚，造型上突出稳定、厚重的雄伟气度；制作上汇集雕、嵌、描、绘、堆漆、剔犀等高超技艺，或雕刻，或镶嵌，或金漆彩绘，多有装饰华丽的花纹，很少有光素的。清代橱柜类家具在品种上不仅具有明代家具的类型，而且还延伸出诸多形式的新型家具，使清代家具形成了有别于明代风格的鲜明特色。

从雍正年开始，家具新品种、新结构、新装饰不断涌现，如折叠式书桌、炕柜、炕柜架等。在装饰上也有新的创意，如黑光漆面嵌螺钿、菠萝漆面、掐丝珐琅等。另外用福字、寿字、流云等描画在束腰上，也是雍正时的一种新手法。

例如现藏于故宫的紫檀八仙八宝纹顶竖柜，高172厘米，长102.5厘米，宽41厘米，形体硕大，观之不禁会产生顶天立地之感，而近观其顶柜门心板雕云纹为地，上雕八宝纹；立柜门心板亦以云纹为地，上雕暗八仙。柜的两侧面板雕锦结蝠磬葫芦纹。雕琢又无不细致入微，纤毫毕现。当属清代家具的精粹。

（六）天然家具

多以天然树根加工制成，其种类有笔筒、几架、桌案等，其中尤以几架为多。一般多将树根表皮进行处理，顶面取平，再施以透明漆即成，鲜有其他装饰。此类家具受江南竹雕家具影响，在明代多受赏识并被竞相仿效，至清更是风行一时。此家具既有观赏价值，又有实用价值；与一般家具相比，有回归自然、品味高雅效果。

黄花梨雕龙纹联二橱

清早期　长115厘米　宽54厘米　高92.5厘米

红漆描金山水人物大柜

清早期　长131厘米　宽61.5厘米　高194厘米

黄花梨小四件柜(一对)

清　长73厘米　宽40厘米　高148厘米

四、清代家具的风格特征

清代是我国古代历时最长的朝代之一，前后共传12帝，历时近300年。在这近300年的发展过程中，清代家具从继承、演变、发展乃至没落，是与清代各个时期的历史背景和文化艺术环境紧密相连的。清代家具在康熙以前基本是承袭明代家具的风格，其式样、造型、功能变化不大，故人们一般将其与明代家具统称为明代家具。清初以后，随着社会经济和手工业技术的恢复发展，在上层社会的倡导下，清代家具发展迅猛，不论其造型、材质、纹饰都与明代家具迥异，形成了其选

大漆官服柜（一对）

清 长115厘米 宽63厘米 高227.5厘米

材精良、品种繁多、造型沉稳凝重的总体艺术风格，并在乾隆时期达到了顶峰，也形成了独特的清式家具风格。

总的来说，清代家具表现出以下几个特征。

（一）式样多变、品种丰富

清代家具的品种可谓繁多，不仅几乎包括了明代家具的所有类型，而且还有很多的变革和创新，以致许多家具都具有前期所未见的造型和装饰特点。如清代造园名家李渔就将几案多设抽屉，橱柜多加槅板，从而一开清代书案、多宝槅之先河。再如故宫漱芳斋一套五具靠墙排放的多宝槅，每件多宝槅由许多“拐子”构成矩形隔层，大小不一，且各不相同，错落有致，将并列陈设的五具多宝槅连接成一个整体，使一百多个矩形隔层高低错落，变化多端，毫无雷同和呆板之感，与陈设环境浑然一体，十分难得。加之侧面饰有海棠形、扇面形、如意形、磬形、蕉叶形等等不同形状的开光，使之更显得灵巧、通透、敞亮，真可谓别具一格。再如套几是清代家具中常见的一组家具，其由几个大小不等的几组成，既可套叠陈设，腾出空间以便活动，又可拆分使用，利于陈设，使用起来十分便利。还如新出现了茶几、多宝槅、太师椅等，有的家具还进行了必要的改良和革新，出现了可拆装重新组合的多功能家具。如有一种木床，床上不仅有帽架、衣架、瓶托、灯台、悬余架，甚至还有可以升降的痰桶架。

或因清宫具有丰厚的物质基础，汇集了全国最为优秀的工匠，集材料和技术于一家，故而清代家具中的宫廷家具在标新立异方面表现得尤为突出，常常表现出一些匠心独运、妙趣横生的特点。如有些小巧玲珑的百宝箱，箱中有盒，盒中有匣，匣中有屉，屉藏暗仓，“机关重重”，隐约曲折，非仔细观察细心琢磨而难解其巧。再如许多流传至今且珍藏在国内外各大博物馆的大量清代家具中，就有许多造型奇特、功能不明的家具，令人费解。

清代家具不仅整体造型的变化时出新意，局部造型的变化更是无穷无尽。我们以常见的清代扶手椅为例，在其基本结构相似的基础上，除了新创出数不清的变体式样外，清代工匠们仅在扶手椅的扶手和靠背的局部造型上也创作出了无以数计的造型和纹饰，如清代时兴的太师椅，其靠背就有三屏风式、拐子龙式、雕花式、镶嵌式等多种，变化万端，令人赞叹。

除了造型结构的变化外，清代家具还出现了材质上的模仿和使用，如出现的仿

红木灵芝云石太师椅（一对）

清　长58厘米　宽44厘米　高98厘米

榉木有束腰马蹄腿螭龙纹罗汉床

清早期　长176厘米　宽84.5厘米　高74厘米

核桃木下卷

清中期　长78厘米　宽39厘米　高33.5厘米

竹、仿藤、仿青铜器。甚至仿假山石的木质家具，也较为多见。

(二)造型宽大、体态凝重

与明代家具家具相比，清代家具还具有造型宽大、体态凝重的特点。

在我国古代家具发展史上，清代家具毫无疑问是制作技术臻于成熟的顶峰时期。入清以后，由于顺治、康熙、雍正、乾隆等几代帝王孜孜不倦的努力，至清中期乾隆时期，社会经济达到了空前的繁荣，版图辽阔，我国古代工艺美术的各个门类更加完善，其品种之繁多、技艺之精湛、手法之丰富都远远超过前代，呈现出集各历史时期之大成的局面。导源于上层贵族审美趣味的以技艺取胜的造物观念，使清代工艺美术在生产中进一步强化。加之清代对外贸易日渐频繁，南洋地区的优质木材源源不断地流入境内，给清代家具的制作提供了充足的原材料；同时，清初

紫檀花几（一对）

清

手工艺技术突飞猛进的发展和统治者好大喜功的心态对清代家具的形成起了推波助澜的作用。这一时期，由于统治者的推崇与提倡，紫檀木开始大量用于家具的制作中。质地坚硬致密的紫檀色调深沉，纹理纤细浮动、不翘不裂，非常适宜各种造型家具的加工和制作，可以雕琢各种精美的花纹。充足的木料、精湛的技术、无所不能的表现欲望和日益膨胀的审美意趣使清代家具成为集实用与工艺美术于一体的优秀代表，从而也形成了清代家具造型雄伟、浑厚，装饰富丽、豪华的共性和强悍、富贵的气派。

清代家具突出的特点就是用材厚重、装饰华丽、造型稳重。和明代家具的用料合理、造型朴素大方的风格形成了鲜明的对比。其造型与明代家具的截然不同，首先表现在造型厚重上，清代家具的总体尺寸几乎都比明代家具要宽、要大，与此相

应，局部尺寸、部件用料也随之加大。在结构上承袭了明代家具的榫卯结构，充分发挥了插销挂榫的特点，制作精良，榫卯结合一丝不苟。在继承传统家具制作风格的同时，大胆吸收姊妹艺术的表现形式，善于创新，匠心独运，使清代家具形态优美凝重，线形圆润流畅，凝重而不呆板，华丽憨厚而不臃肿烦琐，尽显富丽堂皇、气势雄伟，散发着浓郁的历史文化气息。

清代椅类中太师椅的造型最能体现清式风格特点。其座面加大，后背坚实丰满，腿足粗壮，整体造型像宝座一样雄伟、稳重。再如宝座中的典型，现藏故宫博物院的紫檀雕花宝座，高107.5厘米，长

榉木束腰马蹄腿拐子龙纹扶手椅

清　长66厘米 宽55厘米 高55.5厘米

177厘米，宽80.5厘米，就是以紫檀精制，为三屏式，其中背屏作“山”字形，中间高，两边稍低，两侧围屏渐低，三面屏心作攒框镶楠木心，屏心平雕万字纹锦地，锦地之上浮雕西洋风格的卷草纹。软屉，鼓腿和膨牙，牙条与腿足亦满雕西洋卷草纹，下承外翻足，足下承托泥。整体造型宽大、雄伟，美观华丽，集中西文化于一身，是清中期家具艺术中的典型器。

再如故宫坤宁宫现藏的一对花梨木云龙纹立柜，底柜高223厘米，顶柜每层98.5厘米，合计总高度达518.5厘米。最上层顶柜紧贴屋顶天花板。其柜体之高大，极为罕见，不由得令观者为清代家具而赞叹。

红木嵌大理石明式方桌

清 长96厘米 宽95厘米 高83厘米

由资料得知，此柜乃奉旨精制，前后共经历了长达9个月的工期，至乾隆七年九月二十七日安放之日起，至今已有250多个春秋未曾移动过。

又如故宫现藏的黑漆描金五蝠云纹靠背椅，高103厘米，长51.5厘米，宽43.5厘米。椅背透雕以卷曲的云纹，座面两侧及前缘牙板均透雕以五蝠和云纹。通体髹黑漆，其上又以描金形式表现各种花卉纹饰，造型别致，装饰富丽，代表了清乾隆时期家具艺术的较高水平。

其他的如桌、案、凳等家具，仅其粗壮的腿足就与明代家具的简练俊美的特点形成明显对比，根据这些特点，我们便足以得出清代家具宽大、厚重的特色。

总体来说，清代家具的造型、纹饰均与当时的政治、经济、民族文化以及建筑环境和室内空间等相一致，

（三）取材精良、做工细致

清代家具的制作材料有很多，主要有木材、石材、藤竹等。就木材而言，清代家具所用的木材又有硬木、柴木之分，其中硬木主要有紫檀、铁力木、鸡翅木、酸枝木、花梨、乌木和榉木等，系以清宫及皇亲贵族为消费群体的家具制作主要材料；柴木有榆木、桦木、杨木、柏木、楠木、樟木、楸木等，是民间富足家庭广泛使用的家具主要材料，数量众多，适用范围广泛，以此为材料制作的家具民间一般称之为柴木家具。

与数量众多的柴木家具相比，硬木具有其无可比拟的优点，其色泽沉稳，结构致密、坚硬，分量沉重，加工性能优良，

紫檀嵌百宝花卉纹箱

清 长36.7厘米

红木下卷

清 长53厘米

抗压强度高，不翘不裂，尤其榫卯断面光洁，咬合紧密，加工成器后结构牢靠，经久耐用；加之其表里如一，无节无瘤，鲜有瑕疵，打磨光滑，光泽柔和，手感细腻舒适，有的还具有自然生成的变化多端的美丽花纹，故而深得清代宫廷所重。其中

紫檀有束腰龙纹六方桌

清中期　长101.5厘米 宽101.5厘米 高86厘米

又以紫檀最受尊崇，紫檀木又名檀香紫檀，其生长缓慢，非百年难以成材，在使用一段时间后，紫檀家具大多会呈现出颜色较深的黑色，这一方面极符合清代崇尚黑色的传统，另一方面又可显示出宫廷家具庄重沉稳的气派和神秘感，故紫檀便成为皇家专用木料而被皇室所垄断和独享，广为清宫所用。

除了紫檀之外，在清代早晚时期，由于紫檀的匮乏还曾使用过相当数量的黄花梨和红木，尤其在清中晚期，酸枝木一跃成为家具制作加工的主要材料。尽管如此，在清中晚期以前，清宫家具在家具的选材和制作上依然十分讲究。如用料讲究统一，互不掺用，有的甚至用同一根木料制成；在选材上要求无疖无疤，色泽均匀，如达不到要求就弃之不用，绝不轻易降低用料的水准。在制作上，为了求得外观色泽和纹理上的协调一致，也为了坚固牢靠，许多构件往往采用一木连作，而不用小材料拼接，从而使清代家具成为选材精良、精心设计加工而成的一种艺术品。

（四）装饰手法多样繁

注重装饰是清代家具又一显著特点。

清代家具风格的形成首先应得益于明代家具“榜样”的作用，它为清代家具提供了结构、美学、实用等方面的优秀的范例。其次，清代家具又与明代家具由下而上的发展脉络不同，它是从上层社会发展起来的，是在物资储备丰厚、技术成熟、人才济济的条件下形成的，是一个崭新时代在突破旧规、求新求变的鼎盛时期形成的，是以皇家为主导，汇集各种优势资源，在宫廷和民间的相互影响、相互交流、共同创作中发展起来的，当然，或还与其发轫的满族少数民族文化息息相关。

清代是我国各工艺美术集大成的时期。这种导源于上层贵族审美趣味的以技艺取胜的造物观念，使清代各项工艺美术在生产中进一步强化。如雕塑工艺中的牙骨、木竹、玉石、泥、面等材料的雕、刻或塑，锻冶工艺中的金银铜器和景泰蓝等，烧造工艺中的陶瓷和玻璃料器等，髹饰工艺中的漆器，织染工艺中的丝织、刺绣、印染等和编扎工艺竹、藤、棕、草等材料的编织扎制等等，还有本书所论及的木作工艺中的家具等等，其门类之多、品种之繁、技艺之精、手法之丰富都远远超过前代。

种种因素表明，清代宫廷家具势必要成为皇家御用之物，势必要为彰显清代皇家晃晃之威仪而服务，势必要全面体现皇

于硕微雕福禄欢喜图象牙小插屏

清末民国 宽7厘米 高6.3厘米

紫檀高束腰三弯腿香几（一对）

清乾隆 长35厘米 宽28厘米 高95厘米

紫檀点翠插牌

清中期 宽78厘米 厚25厘米 高69厘米

紫檀雕龙凤纹箱

清中期 长41.5厘米 宽19厘米 高29.5厘米

家位极人尊、富贵尊崇、无出其右的强悍气氛。正因如此，清代家具不仅仅在材料的使用上不惜一切代价，而且集中了全国优秀技术，在装饰纹样的设计和制作上竭尽所能，穷工极巧，从而使清代宫廷家具的装饰与名贵大气的材质一起体现出了瑰丽多姿、千变万化的装饰效果。

为了达到预期的目的，清代工匠们在纹饰的借鉴和创作方面，就涵盖了山水、人物、花鸟、鱼虫、器物、金石、书法等诸多类别，几乎无所不包，应有尽有。在材料上也利用了一切可能的装饰材料，如玉石、翡翠、金银、象牙、藤竹、螺贝、大漆等等，并尽最大可能地使用如雕、嵌、刻、绘、剔、焊、鎏金等等装饰手法，充分利用了各种装饰材料和使用了各种工艺美术手段，使家具装饰与各种工艺美术达到完美的结合，还使纹饰表现出种种美好、祥和、富足、安逸的良好意愿。

清代家具采用最多的装饰手法是雕饰和镶嵌。而紫檀的广泛应用是清宫家具得以表现装饰手法多样的首要前提。紫檀坚硬如铁，内部结构缜密，能充分展现出木材材质本身的优越品质，非常适宜复杂纹饰的雕琢和加工。清代的木雕工继承了前代成熟的技艺，在宫廷家具上更是表现出雕刻技法精湛的特点。其雕刻技法多用铲地浮雕，以透雕最为常用，层次多，刀工细致入微，刀法圆熟，磨工精细，突出空灵剔透的效果，有时与浮雕相结合，取得更好的立体效果。花纹表面莹滑如玉，不露刀痕。基于紫檀的优良性能，清代宫廷家具常常是无处不雕，千工万琢，尽情展现了形式多样的花纹，表现了一般木材所不能的深层、多层、透雕等艺术加工的非凡视觉效果。各种海水云龙、龙凤瑞兽、缠枝花卉、云蝠纹、螭龙纹、磬纹等主体纹饰与回纹、莲瓣纹、拐子龙纹等花边纹饰巧妙搭配，主次分明,舒缓得当，将整个家具装饰得丰富多彩。

尽管明代已有采用，清代宫廷家具还借鉴了牙雕、竹雕、石雕、漆雕等多种工艺手法，在家具上嵌木、嵌竹、嵌石、嵌瓷、嵌螺钿乃至百宝嵌，将玉石、螺钿、珐琅、景泰蓝等多种珍贵材料应用到家具制作当中。由于所嵌材料的色泽、纹理、质地不同，加之镶嵌后还要对木材表面进行雕饰或施以底漆，因而又使纹样千变万化，取得了华丽的装饰效果。如清代家具中的桌、椅、屏风，在两种材质镶嵌的交接或转角处，不仅严丝合缝，无修补痕迹，平平整整地融为一体，而且坚固牢靠，一直流传至今尚无半点脱落的迹象，

紫檀百宝嵌“吉庆有余”大座屏

清乾隆 高122厘米

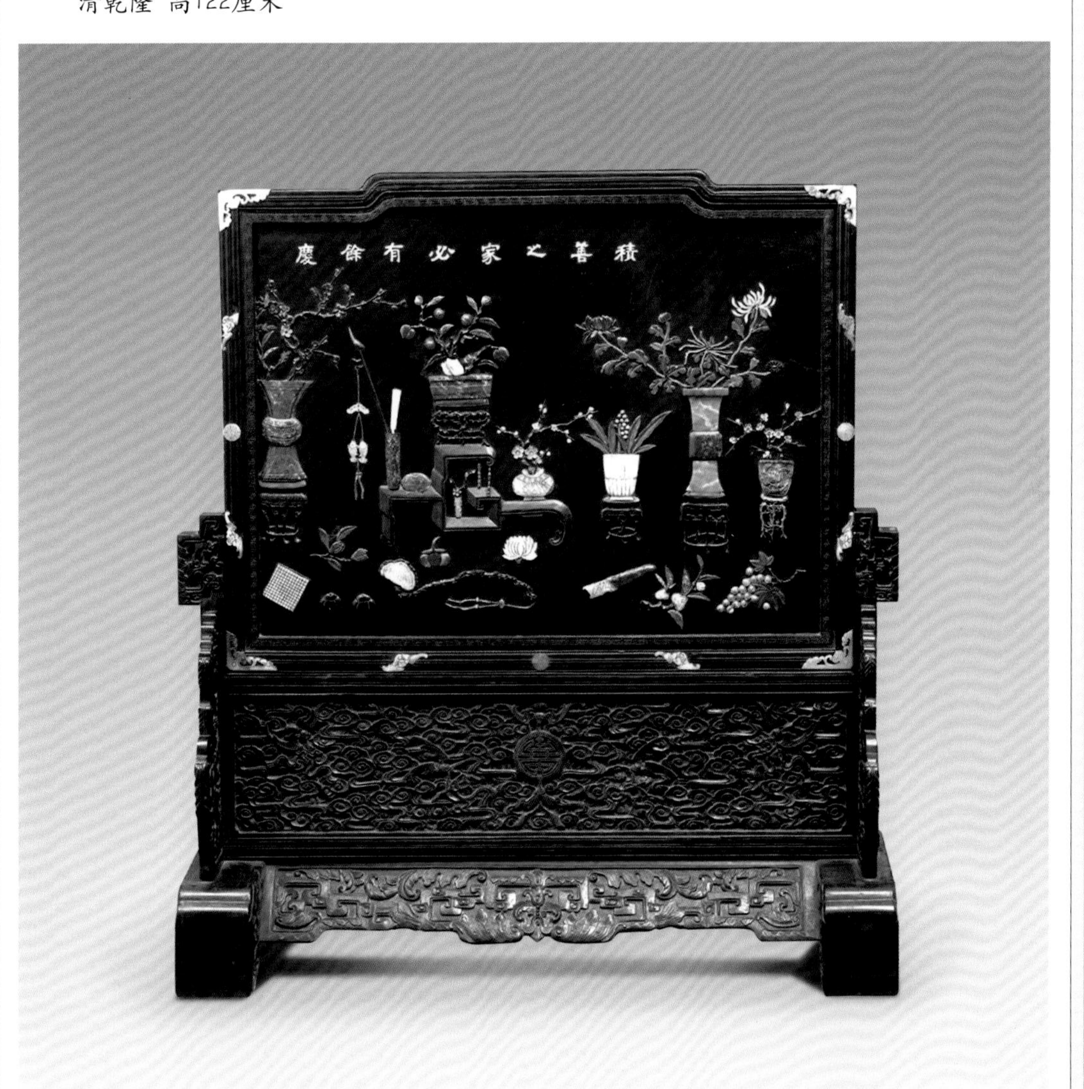

体现了多种精湛的手工工艺，集中代表了当时各种手工工艺的最高水平。

清代家具装饰以多种材料并用，多种工艺结合为特点，装饰求多、求满、求富贵、求富丽，表现多样，品种丰富，流光溢彩，华美夺目。尤其乾隆以后，很多清宫家具为了追求富贵豪华的装饰效果，为了装饰而装饰，所制家具几乎不分造型如何，不论具体部位，几乎不论形式无一不雕，甚至出现了无处不雕、无处不饰的满雕满饰现象。纹饰结构复杂繁缛，雕饰过多过滥，到了无以复加的地步，往往使人产生难以透气的感觉，以致一代艺术风格又出现了雕饰日趋过滥过繁的弊病。

紫檀龙纹御案

清乾隆　长167厘米 宽72.5厘米 高86.5厘米

1840年鸦片战争之后，受帝国主义的侵略，社会动荡不安，清代工艺美术的生产格局、产品结构、工艺思想和艺术风格都呈现着新的面貌。衰败和新生、模仿与创造、恪守与分化构成近现代中国工艺美术的基本景观。承袭清中期宫廷家具艺术风格的清代家具在现代工业文明的冲击之下迅速衰落，家具制作敷衍了事，装饰浅陋浮夸，一味地追求厚重和平直硬拐的造型，给人一种虚张声势、装模作样的陌生感，走向衰落。

（五）融汇中西、博采众长

1840年后，步入清晚期的中国在鸦片战争的硝烟中沦为半封建、半殖民地国家，从第一次鸦片战争后的广州、厦门、福州、宁波、上海五口通商等，到第二次鸦片战争的割地赔款和南京等十个城市作为通商口岸等不平等内容的签订，使晚清敞开了国门，国外的各种贸易往来日趋频繁，也使得国外的物资、技术、文化得以不断深入。

在这种情况下，以广州为代表的通商口岸城市对外来文化艺术的接收和应用走在了前列，西洋文化和艺术元素在家具的制作和装饰上表现得尤为突出，被时人称为“广式家具”。

与传统清代家具相比，受西洋文化影响的广式家具具体表现在两个方面。一是采用西洋家具的样式和结构加工出口，但最终以未成气候而告终；其二是以传统家具造型结构为主体，适当采用西洋家具的局部式样和纹饰相结合的办法，融汇中西，博采众长，生产出了相当数量的中西

紫檀有束腰西番莲云蝠纹大条桌

清雍正 长194厘米 宽52厘米 高93厘米

紫檀嵌银丝镂雕花卉长几

清乾隆 长38.9厘米

元素结合的广式家具。尤其在清中晚期以后的广式家具中，受到外来文化特别是西方艺术品的影响就十分明显，家具上采用西洋图案或装饰手法几乎随处可见。典型的如西洋纹饰“西番莲”。西番莲是原属

美洲的一种水果，其花形略似牡丹，其特点是多以一朵或几朵花为中心，再向四周伸展枝叶，大都上下左右对称。西番莲纹饰线条流畅，变化多端，在清晚期家具纹饰中被广泛应用。有的应用在扶手椅的靠背或扶手之上，有的被用在座屏、插屏之上，有的还雕刻在箱盒的各个面上，等等。例如北京的圆明园，接受外来文化影响最为显著，不仅在建筑造型和装饰上多有采用外来风格，而且还从广州定做一定数量的西洋家具，使之与整个环境相协调，而其中很多家具就以西番莲作为装饰的主要元素。

如现藏于故宫博物院中的一件紫檀雕花长桌，高89.2厘米，长165.5厘米，宽38.7厘米，桌面下束腰中间就镂雕串枝西洋卷草花纹，其托腮下的牙板也浮雕有西洋卷草花纹，而且四条腿通体饰西洋花纹。

由于历史原因，中西结合的家具在晚清一度深入皇家庙堂和园囿，以致在清代此类家具也留下了数量众多的精品。从目前传世的家具中，我们可以看到采用西洋装饰图案或装饰手法者的确占有相当的比重，也很容易从中感受到外来文化，特别是西方艺术的浓浓气息。但漫游在近三百年清代家具长河中，相对于传统根基的瑞庆纹样，在浮雕、镂花等家具装饰中，那些明显带有时代烙印的西洋纹饰仍然是沧海一粟。

结合清代各时期总体发展状况以及清代家具在各时期的特点，我们试作这样归纳：清初家具仍为明代文人家具的余晖，家具风格简约、严谨、含蓄，注意结构美和线条美；清中期为清代家具的成熟期，也是清代宫廷家具的高峰，这一时期装饰主义盛行，富丽繁华，沉重绚丽，注意细节的雕刻美。以帝王御用为代表的宫廷家具表现出不吝其材、不计工本、花样不断翻新的特点。至清中晚期，宫廷家具终结，市民家具登上历史舞台，在活跃的商品经济社会中，兼顾着制作成本与城市时尚的硬木家具在城市中上层人士当中被广泛使用，呈现出了多姿多彩的新局面。总之，清代家具的问世及其特有风格的形成，与清文化的影响密不可分。对本民族文化和审美情趣的难以割舍，加上对先进民族文化和审美情趣的向往，使满人自觉不自觉地将两者最大限度地调和起来。可以不夸张地说，清代各类工艺品都是多种文化交融的产物，无不打着多种文化交融的烙印，清代家具也不例外。

紫檀高束腰西番莲纹方桌

清乾隆 长87厘米 宽87厘米 高88厘米

紫檀宝座

清乾隆 长102厘米 高85厘米

五、清代家具的地域风格

尽管明清时期各地都有家具生产，但在不同的历史时期、不同的社会背景和不同的文化环境中，都会形成不同的特色。如清代家具在经历了近三百年的历史中，就形成了以苏州、北京、广州、山西、徽州、宁波、福州、扬州等地区的地域性家具，这些地域特色鲜明的家具就是在各地区因地理环境、风俗习惯、文化传统和审美标准等方面的差异，形成了各自不同的制作习惯和制作手法，最终形成了各自不同的家具风格。而其中以苏州、广州、北京制作家具最为著名。由于制作精良、地

紫檀圈椅（一对）

清早期　长60.5厘米　宽46厘米　高100厘米

域风格明显，很有代表性，人们将苏州、广州、北京三地生产的家具分别称之为“苏作”、“广作”和“京作”，被推认为清代三大家具名作。

由于三地家具在类型、风格、用材、结构和装饰等方面，具有一定的广泛性和代表性，故而人们多习惯将三地家具的风格与特点作为研究清代家具的主要内容。

（一）苏式家具

是指以苏州为中心的长江中下游地区所生产的家具。苏式家具制作历史深远，传统丰厚，其风格在明代已成熟。

苏式家具是以黄花梨为制作材料，家具具有轻巧雅丽、格调大方的特点。其造型简练、优美，线条流畅，比例适度，精于用材，一直保持有清丽典雅的气质，为世人所重，故人们又将其称之为明式家具。

在清代早期，苏式家具仍继承了明代家具的特点，造型精巧简单，不求装饰；至清中期，在清代家具以宽大、雄伟、富丽、豪华为社会时尚的总趋势下，苏式家具自然也脱离不了时代审美的影响，传统风格也有所改变。尽管如此，但仍然保留有苏州做工的独特风格。这主要表现在造型、装饰和工艺等几个方面。

苏式家具是我国古代家具中最具地方特色的，其发轫、发展、鼎盛直至湮没于众多的地方家具之中，也是有其发展规律的。自15世纪中叶至19世纪前期，苏式家具前后四百余年，从形成、发展到逐步衰退，在不同的历史阶段，表现出了不同的风格特征。

1.苏式家具发展简史

早在明代以前，我国家具制造尚无流派可言。而自明之始，随着社会的发展，全国各地也陆续出现了家具制造业。在长期的发展过程中，以俊秀疏朗地域风格制作的江南家具在承继宋元家具优秀传统的基础上，就形成一个独立体系。这便是主要产自以苏州为中心的长江中下游地区的苏式家具，也叫苏作家具。苏式家具是以优质硬木为主要材料的日用居室家具，它起始时被称为“细木家具”，或者“小木家伙”。明朝海禁开放，在郑和七下西洋后，与东南亚各国的经贸交往更加频繁，也引进了大量生长在热带的花梨、酸枝木、紫檀等珍贵木材，为家具制造业的发展提供了必要的物质条件；随着商业的发展，许多文人士子会聚江南，长江流域的文化也有了很大发展和变化，又为苏式家具提供了良好的文化条件。据史书记载，

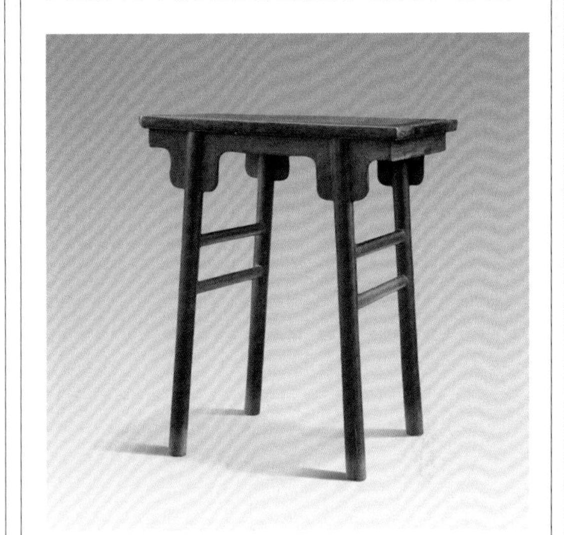

黄花梨圆腿小平头案

清早期　长50.5厘米　宽36厘米　高61.5厘米

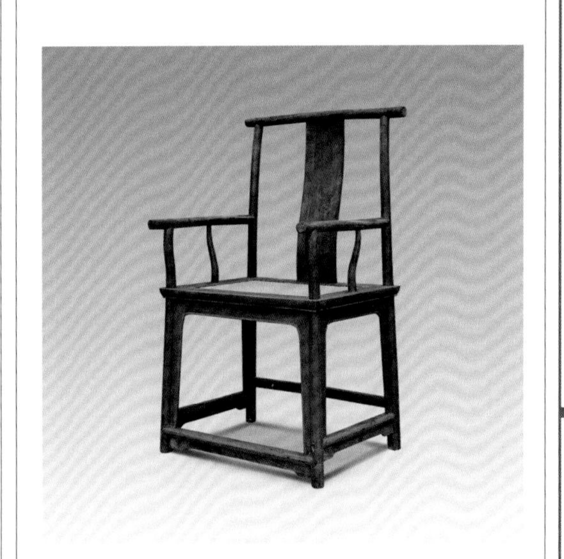

黄花梨四出头官帽椅

明末清初　长60.5厘米　宽45.5厘米　高104厘米

明代万历年间，苏州已经成为商贸大都会。苏州的繁荣与富庶，使得它成为当时手工业最发达的地区，家具制作也具备了非常坚实的基础。明代中期以后，随着江南私家园林的兴起，大量家具手工作坊应时而生，以文人、学士为主的大批文化名人，也积极地参与到了家具工艺的研究和家具审美的探求中。社会需求快速增加，家具制作技术和规模迅速发展，使明代的家具艺术在嘉靖以后，进入一个辉煌的黄金时代。

清初之际，北方多发生战乱，南方相对较为安定，所以明清之交，成为苏式家具的鼎盛时期。流传至今的许多明式家具实物，多数是清代早期苏州一带所生产的。至雍正、乾隆时期，由于清朝统治者的提倡和西方文化的影响，在我国北方与南方又分别产生了京式和广式两种具有鲜明地域风格的家具，并与苏式家具一起成为清代中期的三大主流。尤其在乾隆时期，苏广两地大量的优秀工匠被陆续招募到京城，用以专门设计制造硬木家具。由于受到清代统治阶层的青睐和倡导，以紫檀为主要材料的硬木家具在京城便很快地时兴起来，并逐渐成为清代家具的代表。而此时的苏式家具一方面仍生产有一定数量的“明式”传统家具，另一方面，也因受到京广家具的影响，在造型、式样、装饰形式上有所变化，表现出了许多新的时代特征。故而也有人认为，清中期是我国古代家具由明式“形而上”的艺术家具转而向清式“形而下”的工艺家具的转变时期。

至清代后期，落后的生产关系、复杂的社会矛盾又阻碍了生产力的发展，以致国势大衰，渐趋颓势，而统治者仍追求奢华，使此期的家具开始向华而不实的方向发展。而此时的苏式家具，也开始在“清

黄花梨小酒桌

明 长61.5厘米 宽31厘米 高64厘米

红木方凳

清 长41厘米 宽41厘米 高44厘米

柞榛木太师椅（一对）

清 长61.5厘米 宽49厘米 高99厘米

式”家具的影响下，开始了一些变革和创新，使其从传统四平八稳的框架结构中、从简约明快的线条中又产生了许多新颖的形制和式样。苏式家具的造型出现了新的面貌和新的款式。对此，有人认为是苏式家具的颓势之始，但也有人认为，这些变化仅是外在的表现，是很有限的，并不影响苏式家具在结构、工艺上的传统做法。

到了清代末期，由于外族入侵，社会动荡，国家政治、经济江河日下，曾经辉煌的传统文化也产生了巨大变化。苏式家具在清代宫廷家具的遗风中和广式西洋家具的夹击中，逐渐失去了原来的全国主导地位，并随着广式家具的兴起，仅保留了苏式的做工，在造型、式样和装饰形式上向富贵、华丽发展，出现了种种变体，形成了许多新的形制和式样。

2.苏式家具的风格特征

苏式家具的总体风格特征是轻巧秀美、清雅大方，主要反映在造型、结构、材料、装饰、做工等几个方面。

（1）造型

苏式家具以明代家具而闻名，其最大的特点是造型上的轻与小和装饰上的简与秀。在明代，苏式家具是在文人的指导和参与下产生，故而周身无不透析出文人素洁文雅的气质和精神风貌，其格调大方，造型简练，线条流畅，没有过多的雕刻和装饰，造型稳妥，比例适度，空间尺寸都在经过反复的推敲中确定，达到了增一分

黄花梨有束腰展腿式方桌

明末清初　长93厘米 宽93厘米 高88厘米

则长、减一分则短的完美境界，使之构型完美，上下连贯，加之简朴无华的装饰特点，犹如朴素的文人学子，不论是置身于普通居民家中抑或游走于江南园林的亭台楼阁之间，都显得非常协调。再者，明代苏式家具不论是部件断面，局部图案，还是整体造型，都呈圆浑柔润状态，给人一种轻盈、圆润、灵动的美感。即便是作为一件器物去欣赏，其内敛的个性和清癯孤傲的神韵也令人敬之爱之。

至清代中期以后，随着社会崇尚风气的变化，苏式家具开始逐渐向烦琐和华而不实的方向转变。在新的时代审美要求下，苏式家具也出现了变化，如用料渐趋宽大，造型趋于厚重，开始注重雕饰等等，以致在清代兴起的宫廷家具大潮中逐渐被冷落。

（2）结构

不论在明代还是清代，我们知道，苏式家具素以黄花梨、紫檀等硬质木材制成，而硬木的卓越性能首先为苏式家具的整体结构提供了不翘不裂、坚固稳定的基础保障；其次，在明清文人尤其是明代文人的参与和指导下，我国传统家具制作工艺中的核心技术——榫卯结构获得了长足的发展。各种形式的榫卯结构更加完善，典型的如格肩榫、勾挂榫、锲钉榫、托角榫、长短榫、抱肩榫、粽角榫、燕尾榫、穿带榫、扎榫等等。榫卯结构的巧妙运用，不仅为家具的构造起到了关键的“关节”作用，更重要的是使苏式家具构件在点、线、面之间，在长短、高低、多少、方圆的构件之间实现了一体化的自由组合，有效地化解了各构件之间不同方向的扭力，真正实现了家具的一体化，达到了家具抗震、抗外力因素的目的，使家具更加结实耐用，坚固牢靠。典型人物如明熹宗朱由校，由于着迷于木作的榫卯结构，以致不顾外侵内扰，不理朝政，沉迷其

黄花梨书盒

明 长27厘米 宽16.5厘米 高9.5厘米

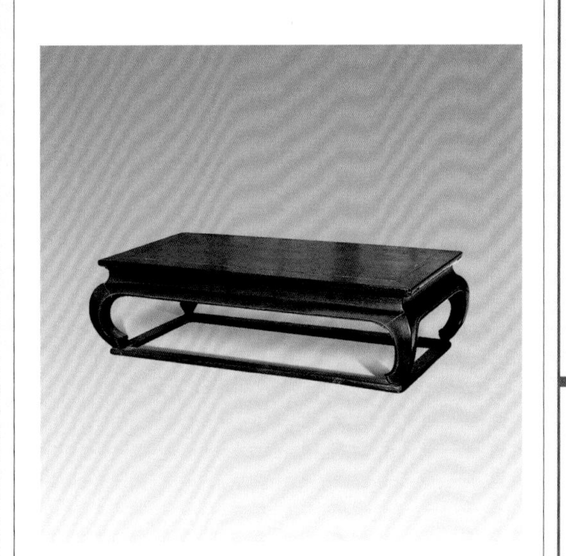

紫檀香蕉腿花架

明 长39.5厘米 宽20厘米 高11.5厘米

黄花梨小方茶桌

明 长69厘米 宽65厘米 高69厘米

中。据说其技艺之高，已非一般工匠所能及。再者，明代各项工艺美术已十分发达，其中尤以江南制作工艺为人称道。精明细致的苏州艺人在明代文人的参与指导下，将精湛的木作技艺完美地融入到坚实缜密的硬木中，将本已科学、多变、复杂、严谨的榫卯结构咬合得更为精密和严实，使苏式家具的整体结构浑然一体，坚实牢靠。不仅如此，很多苏式家具还多采用一木连作的方法，典型的如圆角柜、圈椅、官帽椅等等，使其腿足即是结构的框架，具有收拢组合的功能，同时还上下贯通，具有支撑的作用和功能。

延至清代，苏式家具的结构也并没有

因为时代风尚的变化而有所松懈，甚至在清代宫廷家具奢华宽大的造型结构中变得更为复杂和严谨。清中期以后，随着民用家具的兴盛和壮大，一些家具在结构处理上变得草率而松散。至清末民国时，在西洋家具的冲击下，榫卯结构严谨的家具渐为少见。

（3）材料

苏式家具尤以明代黄花梨家具而驰名古今。至清代，虽早期仍有黄花梨使用，但多为明代库存，数量有限。而至清中期后，随着海禁开放，大量的出产于东南亚的紫檀、铁力木、鸡翅木、瘿木等优质硬木被使用在家具制作上。

苏式家具在材料的应用上体现有精打细算、材尽其用、巧妙套用三个特点。其中精打细算表现在家具制作之前。这主要是因为地处江南的苏州地区，虽经济发达，人才济济，但制作家具的上好材料黄花梨、紫檀、铁力木、鸡翅木等木材却要依赖水路交通的输送，得之不易，故而苏作工匠对材料的使用非常珍惜。再者，明代家具大多是在文人的参与和指导下制作，这势必先要满足文人既要节省材料还要达到家具造型优美的苛刻要求，使家具实现造型俊秀、疏朗、挺拔的风格，这种客观条件下的主观因素也成为苏式家具精打细算的主因之一。在材料来源和制作标准的要求下，聪慧的苏州工匠往往在材料的大小、成色、纹饰和完整性上作多方考虑，精打细算，以求人尽其才、物尽其用，使为数不多的材料得以发挥最大的作用。

与精打细算不同，材尽其用和巧妙套用则表现在苏式家具制作的具体过程中。如不论大器抑或小器，都会做到材尽其用，也绝不会随意丢弃一块木料，有的甚至连很小的木片都派上了用场，使其发挥最大功用。典型的如明代的百衲桌，其桌

黄花梨百宝箱

明 长31.5厘米 宽20厘米 高22.5厘米

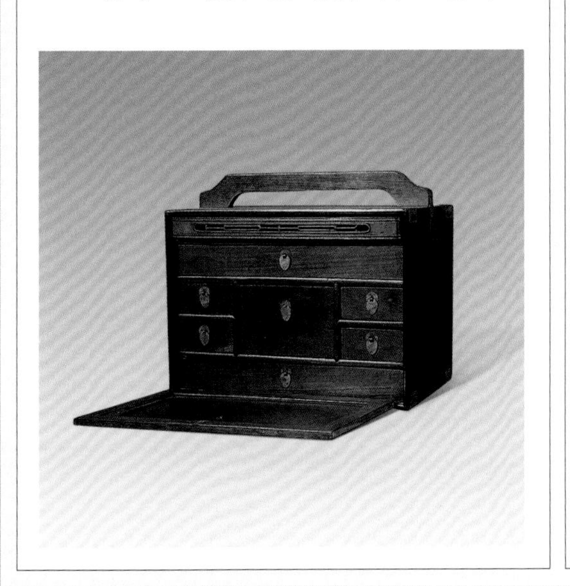

黄花梨气死猫书橱

明 长36厘米 宽36厘米 59厘米

面就是苏作工匠用成百上千的小木片精心拼接而成。其工艺从设计、画样、裁割到拼贴，在组合、拼镶的变幻中处处显出精美和典雅，无不体现出古时匠师高超卓越的技艺水平，可以称得上明代苏州“细木工艺”之一绝。这一点还表现在将木材纹理整洁美丽的部位用在表面上，使其展现出最美的一面。而一般视线达不到的地方，如背板、底板顶等部位则用其他品相一般的木料代替，真正实现材尽其用的苏作工艺特点。巧妙套用也是苏作家具节省材料的一种表现，也就是苏式家具多采用包镶手法，即用杂木为骨架，外面粘贴硬木薄板。这种包镶做法，虽然费时费力，技术要求也较高，但好的包镶家具，不经过仔细观察和用手摸一摸，就很难断定是包镶做法。其目的是为了不让人看出破绽，通常把接缝处理在棱角部位，而使家具表面木质纹理保持完整，既节省了材料，又不破坏家具本身的整洁效果。为了节省材料，制作桌、椅、凳等家具时，还常在暗处掺杂其他杂木，这种情况多表现在器物里面的穿带的用料上。现在宫中收藏的大批苏式家具，十之八九都有这种情况，而且明清两代的苏式家具都是如此。苏式家具大都油饰漆里，目的在于使穿带避免受潮，以保持面心不至变形，同时也有遮丑的作用。

到了清代中期，黄花梨已不多见，再加上清宫家具的制作工艺和装饰形式的变化，因而清中期以后苏作家具用材除紫檀外，使用最多的还有铁力木、酸枝木、鸡翅木等，松木、杉木在漆艺家具中也得到了广泛应用。

(4) 装饰

在装饰方面，主要运用线形、木纹、雕饰、镶嵌以及装饰性构件，既丰富又有节制，使得苏式家具刚柔相济,洗练中显出

黄花梨折叠式镜架

清早期　长31厘米　宽25厘米　高24.8厘米

黄花梨四面平式方角柜

清　长63.3厘米　宽38.5厘米　高88.5厘米

榉木夔龙纹圈椅（一对）

清末　长56.7厘米 宽45厘米 高94厘米

精致。

早期苏式家具的装饰简洁、素雅。明代苏式家具的线形变化十分丰富，是最常见的装饰。主要施于家具的腿、边框及枨子等部位，通过平面、凹面、凸面、阴线、阳线之间不同比例的搭配组合，形成千变万化的几何形断面，达到悦目的装饰效果。例如，腿的线形变化有三弯腿、蚂蚱腿；足的线形变化有涡纹足、内翻或外翻马蹄足、卷珠足、卷书足等。如在家具的髹饰方面，苏式明代家具就摈弃了宋元时期的重漆善描的工艺，而采取不上漆，仅以打磨、抛光、上蜡的工艺充分展示了木材天然的优美纹理。不仅如此，还将一些受力的框架结构构件经过精心设计，赋予其装饰美化的功能和作用。典型的如明代家具中的各种牙条和牙头、壶口、挡板、矮佬、卡子花以及罗锅枨、霸王枨、十字枨等等，不仅兼具了结构和装饰两种功能，将实用和审美有机结合起来，而且还避免了特意添加装饰的累赘，保持了形体结构的简洁、明快。尽管有的装饰构件非家具的主干部件，但其衬托作用也使家具形体显得充实、丰富。

明代家具上的雕饰面积一般都很小，常用浮雕、线刻、嵌木、嵌石等手法表现。明代苏式家具构图多采用对称方式，或在对称构图中出现均衡的图案，且雕饰

黄花梨嵌玉香几

明 长64厘米 宽64厘米 高85厘米

的部位多在家具的牙板、背板，构件的端部等处，起到画龙点睛和衬托作用。雕饰题材多种多样，有动物纹样，如龙、凤、虎、狮、鹿、麒麟；有植物纹样，如卷草纹、缠枝纹、牡丹、竹梅、灵芝、宝相花；其他纹样还有十字纹、万字纹、冰裂纹、如意纹、云头纹、玉环纹、绳纹、云纹、水纹、火焰纹以及几何纹样等。要求刀法圆滑流畅，棱角层次分明，纹路疏密适度、线形挺秀，造型完整，不仅要达到形似，而且还要神似，讲求形神合一，气韵生动。而清代苏式家具工艺雕花采用不规则的图案，如灵芝、云头等，图案随意性大，艺术品位较高，雕饰部位过度雕饰。

明代家具上镶嵌装饰也不少见，如在座椅的背板、桌案的横枨，嵌以小块玉石和不同色调的木饰，造成色泽、质地不同的对比效果，产生新巧的美感。

明代家具还经常利用木材之间纹理、色泽的不同，进行组合搭配使用。如苏作三屏式太师椅，其靠背无雕无镂，只是以瘿木为屏心，只取红木边框与瘿木花纹屏心的材质变化为饰。搭脑处雕出简单的回纹，下部雕一亮脚，突出透空效果，简素而大方。

另外，在墩的造型上，保留了鼓墩的传统样式，即两头小、中间大的造型。京作的墩，采用圆柱形为多。苏作的墩，常用红木仿藤做法。桌椅常用红木仿竹节的形式。用红木仿竹节，可说是苏式做工的特征。这种做法，要比整木雕镂或开光等费工费时，但是苏作匠师的细心与耐心是别处无法与之相比的。这种做法，既有典雅、空透的效果，又能节省木材，充分利用碎小材料，真是两全其美。

清代苏式家具则急速向富丽、繁缛的方向变化，明式的影响渐微。这导致苏式

黄花梨嵌瘿木心坐墩

清早期　面径36厘米　高47厘米　清宫旧藏

黄花梨格架（一对）

明　长85厘米　宽42厘米　高165厘米

家具一统天下的国内主导地位被后来居上的广式家具所取代。

（5）工艺

在工艺方面，苏式家具利用传统建筑中大木梁架结构，以榫卯为框架结构，做工精细，线条流畅挺括，同时讲究方圆规矩，每个部件都有相应的尺寸、规格和大小，衔接处紧密无缝，仿若独木雕就。不论是薄如纸片的木片，还是粗大的腿料，都经过精心的设计和制作，从而产生完美、牢固的构合效果。

苏式家具制成毛坯后，要经过起线、雕花、打磨、抛光等程序，并用生漆精心涂揩而成，磨漆滋润，光亮可鉴，还常配有金银丝镶嵌或大理石镶嵌，这样可以充分利用材料，哪怕只有黄豆大小的玉石或螺钿碎渣，都不会废弃。另外，“工欲善其事，必先利其器”，匠师们还创造出许多适宜加工硬木的推刨工具，如“蜈蚣刨”、“细线刨”等。明代的苏式家具注重线条清晰圆润、典雅秀丽，而清代的苏式家具注重厚重庞大。

（二）广式家具

是指广州地区制作的家具。广州，地处我国广东省南部，濒临中国南海，位于我国门户开放的最前沿，是我国南方最大、历史最悠久的对外通商口岸。早在清乾隆二十二年（1757年），政府实行“一口通商”，广州成为唯一的对外通商口岸，也成为东南亚优质木材进口的主要通道。加之两广本土又是我国贵重木材的重要产地，使得广州拥有了得天独厚的物质条件，有力地促成了清代广式家具的发展。清中期以后，广式家具犹如异军突起，在诸多方面都体现出了具有鲜明的地方特色，成为我国继苏式家具之后并与其和京式家具三足鼎立的地方传统家具品牌，也有人称之为广作家具。

黄花梨仿竹八仙桌

明末 长91厘米 宽91厘米 高85.7厘米

黄花梨束腰八仙桌

清早期 长88.5厘米 宽88.5厘米 高86厘米

红木拱璧八仙桌

清 长93.5厘米 宽93.5厘米 高83厘米

1.广式家具发展简史

广式家具的起源较早。由于特定的地理位置，广州自古以来就是我国海外贸易的重要港口，是同南洋及阿拉伯等海外各地区进行贸易往来的主要门户。早在宋代，佛山、肇庆一带就有以红木为主的家具生产，并用作商用和出口；1603年，就有从广州出口销往马尼拉的床、桌、椅等家具商品。

明“洪武初，令番商止集(广州)舶所”。在统治阶层推行“时禁时放”的海禁政策中，对广州口岸实行的是比较灵活的政策。“嘉靖元年(1522年)，从给事中夏言之请，撤销浙、闽两市舶司，仅允存广州市舶司。”于是广州成为唯一的海外贸易最大口岸。在隆庆元年以后，明朝政府逐渐放开海禁，允许民间发展对外贸易，使广州海外贸易获得空前的发展。广州不仅同南洋、印度洋沿岸的国家和地区通商，而且与西欧、拉丁美洲各国也发生了直接的和间接的贸易关系。

明末清初，广州是西方文明输入我国的主要商埠。西方传教士通过澳门大量进入广州，再深入中国内地。他们以传播欧洲科学文化为手段传播天主教，同时也将其中一些先进的科学知识和西方文化带到我国，加强了东西方文化的交流，对我国经济和文化的发展产生一定的促进作用。

红木嵌黄杨木太师椅（一对）

清 长60厘米 宽44.5厘米 高86厘米

而就在西方的先进科学技术和思想文化进入广州的同时，也将西方家具的审美标准带到了广州，使得中西文化得以在新的历史环境中交织、碰撞和融合。

在清代，广州已渐渐成为海运贸易的重要港口。也成为南洋各国优质木材输入的主要港埠和通道。南洋各国盛产的大批优质木材源源不断地从南洋运至广州，再销售到我国其他地方。加之广东广西两地也出产许多珍贵名木，大量的优质木材会聚香江，无疑对广式家具提供了丰厚的物质基础，也无形中推动了广式家具的蓬勃发展。

清初，广州的官、私营手工业相继恢复和发展，象牙雕刻、景泰蓝、陶瓷等先进高超的技艺异常繁荣。作为传统家具中的一个分支，惯以传承传统文化的广式家具与中华姊妹艺术有了更多的交流与学习，为广式家具的制作提供了技术基础；与此同时，又吸纳、融合和改造了西洋文化，使其形成了带有浓郁岭南内涵的地方文化特色，充分表现出兼容不同文化的多元风格，为广式家具艺术增添了色彩，从而形成了与明代家具截然不同的艺术风格。

至清中期，我国“得风气之先”的广州在已长达150多年的海上贸易期间，商业上发展到处于中国封建社会商业最繁荣的高峰时期。这一时期，欧洲文化史上风靡一时的巴洛克式和洛可可式的艺术风格及其集中体现豪华而瑰丽的装饰工艺，也随着西方文明一齐传入中国。广州城内西洋建筑风格的商馆、洋行如雨后春笋般出现，西方国家的商品源源不断输入中国市

红木雕草纹条桌

清 长120厘米 宽50厘米 高82厘米

红木琴桌

清 长122厘米 宽42.5厘米 高81厘米

场，尤其是罕见的钟表、珐琅器、天文仪器等，引发了上至皇亲国戚、下至黎民百姓的极大兴趣。人们对其倾慕之至甚至以拥有为时尚，从而引发了一股盛况空前的“西洋热”。不仅有宫廷、民居建筑多有

红木十三灵芝八仙桌

清 长100厘米 宽100厘米 高83厘米

红木镶云石屏

清 宽51.7厘米 高68.2厘米

效仿，就连与建筑环境相适应的家具，也逐渐形成了时代所需要的新款式。于是，充足的优质原料使雕刻繁缛的西洋装饰之风在广式家具上获得了广阔充分的发挥空间，不少家具在造型、结构和装饰上模仿西方式样，造型上多呈束腰状。用料粗大、体质厚重、雕刻繁缛的所谓“广式”家具风行起来，并成为一种“潮流”。

与此同时，随着社会经济的不断发展，清统治者对物质生活的追求也表现出了极大的欲望。在家具方面，明式家具的继续沿袭和使用已经不能满足他们日益膨胀的追求表现皇权、富贵、豪华的欲望。而此时新兴的广式家具则以全新的面貌赢得了清代皇室的青睐。为了满足皇室生活需要，清宫造办处专门设立了“广木作”，专门承担木工活计。在清雍正年间，罗元、林彬等多位广东名匠还被召入宫中为宫廷制作广式家具。特别是在雍正、乾隆以后，达官显贵阶层在生活上不断追求豪华气派，尺寸随意加大放宽，以显示雄浑与稳重。而广式家具也在这一点上迎合他们的审美情趣，迅速取代了原来苏式家具的地位，成为清廷具有独特艺术风格的主要家具来源。

乾隆后期，广式家具的工艺技术和造型艺术达到了顶峰，形成了广式家具发展的鼎盛期。

清中期以后，片面追求华丽的装饰和精细的雕琢，使广式家具除了复杂细密的装饰外，已无太多标新立异式的创新，以致在过多的奢华达到极致之后，表现出了嘉庆时期长时间停滞不前的状态，对未来的茫然渐渐显露出由盛至衰的迹象。由当时皇家造办处的文件档案我们得知，随着宫廷需求量的减少，广式家具的生产也日益放缓，但仍免不了堆砌、啰嗦的装饰，而且做工粗糙。道光以后，内忧外患接踵而至，中国遭受着外国列强的任意宰割，家具业也随之结束了它曾光辉灿烂的岁月。

2.广式家具的风格特征

广式家具是清代乾隆以来形成的讲究豪华风格的家具流派。

进入清代以后，苏式家具开始向富丽豪华方面转变，但随着清中期欧洲巴洛克和洛可可风格的盛行，广式家具在乾隆时期盛极一时，出现了许多能工巧匠和优秀的民间艺人。所制造的高级玲珑的家具，装饰华贵，风格独特，雕刻精巧，极富欣赏价值，因此也备受清代皇室的偏爱，以致清宫造办处专设“广木作”制作加工广式木工活计。广式家具一直流行到清末。

红木嵌大理石小宝座

清 长110厘米 宽56厘米 高91厘米

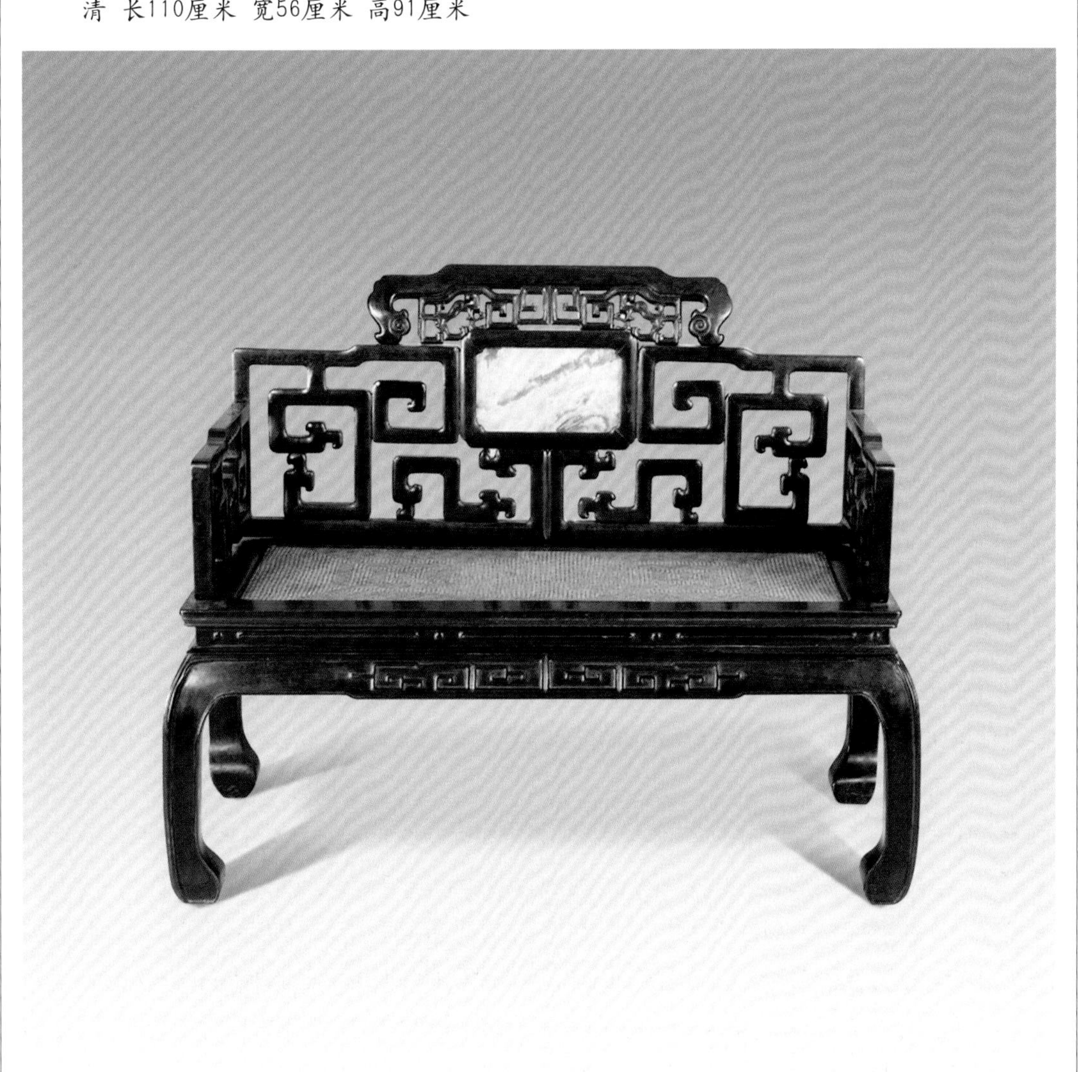

红木罗汉床

清 长217厘米 宽127厘米 高127厘米

至民国时期，一跃而起的上海成为东西方贸易交流中心，加之海式家具的兴起，广州渐渐失去了昔日的龙头地位，广式家具也渐趋失去了往日的辉煌。

清代广式家具在工艺结构、造型和装饰上，受西方建筑装饰风格影响较大，多为中西合璧之作。具体有以下特点。

（1）造型结构

独特优越的地理位置，使广式家具具备了丰厚的优质家具制作原材料，这是其他地方家具无可比拟的。也正是因为如此，广式家具的制作往往对材料的选择和使用颇为讲究，其不吝用料和追求精雕细作的加工制作方法，决定了清代广式家具造型厚实稳重、雕饰华美的整体艺术风格。比如同是太师椅，广作者就体形偏大，气势雄伟，满身雕饰；而苏作者则体现了轻简、素雅的惯有特点。

在具体的制作过程中，广式家具的构件为讲求木性一致，多用一木制成，故用料粗大充裕，不论构件弯曲度有多大，一般不用拼接做法，而习惯用一整块木料刳挖而成。在结构上，广式家具偏离了过去家具设计中梁、柱、枋、架的建筑意念，同时又吸收了欧洲家具华丽装饰的形式。在应用功能上，体现了人本主义的精神。在造型上不仅保留了部分传统家具的特点，有结构方正、四平八稳的方形结构家具，而且还生产出许多圆形、椭圆形、多边多角，可折叠、转动甚至可拆分组合的造型各异的西洋风格家具。使用更为方便、随意和舒适。典型的如独腿圆桌、美人榻等等，都强调了使用舒适的特点。如独脚圆桌，桌面可以旋转，是借鉴外国独脚酒桌演变而成，是清末民初广式家具代表。

（2）材料

由于广东、广西本来就是贵重木材主要产地，再加上广州又是东南亚各国优质木材主要的进口港埠和通道，因而清晚期广式家具多采用紫檀、黄花梨、酸枝木等名贵木材制作。其中以酸枝木家具最为普遍。

（3）装饰

广式家具的装饰手法具体体现在局部造型的变化、雕刻、镶嵌等三个主要方面。

首先说局部造型的变化。清代广式家具是中西方文化艺术相互交织、碰撞、交融的产物，因而呈现出了许多西洋的造型和装饰特点。在17世纪末至18世纪，广式家具中随处可见18世纪风行欧洲的“洛可可”旨趣造型，如有着宫殿府邸般的遮檐、廊柱，围栏构饰的橱柜，拱形的连脚枨，“S”形和“X”形的腿脚，攀缠着葡

红木小茶台

清 长77厘米 宽77厘米 高86厘米

红木灵芝太师椅（一对）

清 长60厘米 宽46厘米 高101厘米

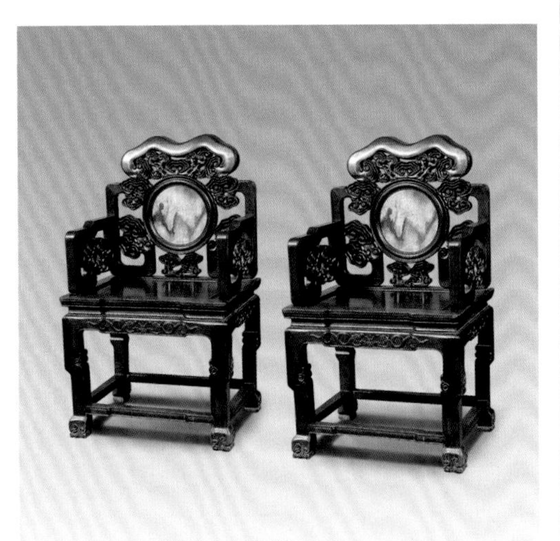

红木灵芝纹太师椅（一对）

清 长60厘米 宽44厘米 高101.5厘米

红木如意腿花几

清 直径23厘米 高25.5厘米

葡藤的靠背，青竹形的裙边和蛟龙纹的扶手等，都充分表现出不均衡性、情节性、夸张性和多种艺术形式的大胆融合。还有一些局部的处理，多束腰结构，腿足部分追求精雕细刻，细节造型上以鲤鱼肚、羊角蹄、卷云纹等为主。“鲤鱼肚”是广式家具椅类中表现尤为突出的一种结构式装饰，也可以说是广式家具的符号性构件之一。

广式家具不仅用料粗硕，其家具雕刻同样在巴洛克和洛可可式家具的影响下，吸收了西方艺术豪华而瑰丽的雕刻装饰工艺，并将其发挥到极致，使广式家具在雕刻方面表现得非常突出，甚至有些夸张。在许多家具近乎80%的体表，浅浮雕、高浮雕、透雕、圆雕等等各种雕刻手法发挥得淋漓尽致。有的甚至将整件雕满了各种复杂的纹饰，将家具演变成了精美的雕刻艺术品。其雕饰之广深、雕刻之细腻、纹饰之繁缛、打磨之光滑，令人感叹不已。因此广作家具中也有“卖花”一说。

广式家具的雕刻表现手法可谓独树一帜。其一般以高浮雕和圆雕较多，并结合了透雕等多种手法。花纹雕刻深隽，刀法圆熟，打磨精细，纹饰表面光滑如玉，丝毫不露刀痕。一组线条，往往由不同层次表现，其地子雕刻平整，花纹大都隆起，个别部位近乎圆雕。雕刻手法细腻，雕工精湛，使家具的制作，尽可能追求完美的视觉效果。

除了雕刻之外，广式家具也非常注重镶嵌装饰艺术的表现。镶嵌在我国的许多地方都有生产，尤以苏州、扬州、杭州等地的镶嵌艺术十分流行。而广式家具的镶嵌却不见漆，是有别于其他地区的一个明显特征，传世作品也较多。内容多以山水风景、树石花卉、鸟兽、神话故事及反映现实生活的风土人情等为题。为了达到色彩绮丽的艺术效果，广式家具不仅在插屏、挂屏、围屏等以陈设观赏为主的家具上镶嵌，而且还在桌椅、床榻等家具上应用。镶嵌材料也形形色色，通常有大理石(云石)、玉石、宝石、珐琅、陶瓷、螺钿、金属、黄杨木、象牙、琥珀、玻璃、油画等，其中又以大理石和螺钿最为常见。如以整块的大理石镶嵌成桌面，或将大理石镶嵌在椅子、床榻的靠背局部等等。纹理缭绕的天然大理石图案如云似雾，不仅为岭南的酷暑带来一丝凉意，还使家具显得更加雍容大方。螺钿的镶嵌以桌椅为多，多呈细小密集的框带。如在圆桌大理石桌面的四周再环饰以各种造型构成的连续性环带状纹饰。再如在椅子的座面、靠背，

红木镶云石圆台

清 直径86厘米 高82厘米

红木琴桌

清 长117厘米 宽39.5厘米 高82厘米

甚至腿足上也镶嵌以各种造型的细小螺钿，色泽光鲜明亮，熠熠生辉，极具富贵、华丽的装饰效果。所以，当有人在同一家具上同时看到有大理石和螺钿镶嵌工艺，那么基本就可以断定这件家具是广式家具了。镶嵌玻璃和油画是西洋风格作用下的最直接体现，如清宫中就遗存有大型的镜屏等。

另外，广式家具中的描金、彩绘、掐丝珐琅等多种手法兼用的情况也很常见。总之，丰富多变的装饰手法使广式家具总体上呈现出缤纷华丽、绚烂多彩的视觉效果，使其成为地方家具中实用、装饰结合完美的典型代表。

（4）纹饰

广式家具的装饰题材非常丰富。纹饰类别不仅有相当数量的传统纹样，而且还有数量庞大的西洋纹饰。在具体的应用中，有的以传统纹饰为主，有的全部采用西洋纹饰，但也有许多将中西纹饰结合使用的情况。

在传统纹饰中，有象征帝王皇权等级的龙、夔、海水云龙、海水江崖等纹饰，也有凤、磬、团花等纹饰。还有传统纹饰中的植物类的松、竹、兰、梅、菊、葡萄等，动物类的鹤、鹿、狮、羊、龙、蝙蝠、鸳鸯等。还有一些缠枝或折枝花卉以及各种花边装饰等等。

广式家具中的西洋纹饰所占比例很大，是广州口岸的开放和西洋文化的输入在我国传统行业中的应用表现。西番莲纹是西洋纹饰的典型代表。

西番莲本为西洋传入的一种花卉，匍地而生。花朵如中国的牡丹，有人称“西洋莲”，又有人称“西洋菊”。其花色淡雅，自春至秋相继不绝，春间将藤压地，自生根，隔年凿断分栽。根据这些特点，人们将其形态演变为一种缠枝花纹，纹饰以一朵或几朵花为中心，藤蔓向四处伸展，蔓延不断，变化多样，毫无拘束。根据器物造型纹饰特点，西番莲大都上下左右对称，也可依不同器型而随意伸展枝条。如果装饰在圆形器物上，其枝叶多作连续循环式样，无头无尾，连续不断，衔接巧妙。

由于花形类似我国的牡丹，加之纹饰也有很大的随意性，适宜在任何器物、任何空间表现，且线条流畅，变化多端，与我国传统纹饰中的“卍”字纹有相似之处，又极适合做边缘装饰，故而很快受到人们的接受和喜爱。典型的如圆明园，不

红木画桌

清 长120厘米 宽78厘米 高81.5厘米

紫檀雕博古纹平头案

清乾隆 长209.5厘米 宽47.5厘米 高106厘米

仅在建筑上使用有西番莲，而且在制作与之协调的中洋家具上也有广泛应用。

西番莲在家具上一般以浮雕的形式表现，其纹饰图案凸起，而四周的地子较低，地面平整，打磨光滑，也是广式家具特点之一。

作为清代家具的代表，广式家具以其独特的艺术魅力打动了清朝统治者，并成为宫廷家具的主导风格，对京式家具形成了深远影响。

尽管广式家具在清代盛极一时，也曾受到清廷的高度重视，但其在一味追逐浑厚凝重、雕饰华丽中走向了物极必反的方向，烦琐的雕饰破坏了家具的整体感，尤其在用料阔绰、造型宽大的情况下，广式家具更是表现出了造型笨重、触感不好、更不利于清洁的一些弊端。

（三）京式家具

京式家具是我国古代传统家具的一个重要组成部分，有广义和狭义之分。

广义的京式家具泛指北京、天津、河北等地区生产使用的民间日用家具。狭义的京式家具非指一般的民间用品，而是指宫廷家具作坊在清宫内生产制造的家具，是以紫檀、黄花梨和红木等几种硬木家具为主的清代宫廷家具。本书所论仅指后者。

由于清宫京式家具是集清宫雄厚的物力财力为基础，汇集了全国优秀的木作技艺，且不吝材料和工时，装饰华美异常，形成了其造型雄浑肃穆、装饰豪华气派的总体艺术风格，使其形成了与苏式、广式家具艺术风格迥异的家具流派，并与二者形成清代家具三足鼎立的总体态势。

1.京式家具发展简史

京式家具的发展可分早、中、晚三个阶段。

北京是明清两代的都城。1636年，满族建立清朝政权，经过战火的明代都城遭

紫檀束腰画桌

清 长95厘米 宽60厘米 高78厘米

紫檀绣墩

受到巨大破坏，宫殿内的家具也严重损毁。1644年，随着清顺治帝迁都北京，以皇宫为中心的明代皇家建筑群也陆续得到修复，至此，我国传统家具也渐趋步入了另一个高峰时期。

在大举修葺明代焚毁的皇家建筑的同时，清廷还兴建了圆明园等皇家园林，使得清初皇家宫殿急需大量的家具充斥于内。在百废待兴的情况下，清代早期的统治者依然选择了以苏州生产为主的明式家具，其主要方式就是从苏州地区采办。

京式家具的中期是从康熙晚期开始的，是京式家具发展的鼎盛时期。

清代前期和中期，社会经济逐渐恢复

紫檀透雕巴洛克风格宝座

清乾隆 长132厘米 宽87厘米 高120厘米

红木高浮雕九龙纹宝座

清中期 宽113厘米

并向前发展，从雍正到乾隆年间，清代经济持续稳定地增长。由于有利于社会经济发展的各项政策得到全面的贯彻和落实，出现了清代社会经济高度繁荣的局面，并在乾隆时期达到顶峰。史称“康乾盛世”。

在积累了丰厚的物质基础后，清廷统治阶层也开始了物质生活享受。从康熙后期起，为了进一步满足皇宫生活的需要，清宫一方面不仅继续从苏广两地采办家具，另一方面还在“造办处”专设了制作家具“木作”和“广木作”，从苏广两地招募许多技艺高超的能工巧匠，不惜工本，专门为清宫制作皇家之用的家具。

至雍正后，随着广式家具的兴起，清代家具审美情趣因受统治阶层的偏爱而发生了改变，以造型健硕、装饰繁缛为特点的广式家具逐渐代替了苏式家具的地位，继而成为清代宫廷家具的主流。这一阶段，受广式家具的影响，在家具制作方面，清廷及达官显贵阶层为了彰显至高无上的皇权和社会地位，相继追求“皇家”气派，生活中不断追求豪华气派。不仅加大家具规格，还在材料上随之取精加粗，并在样式庄重肃穆的家具上雕刻装饰，有的还在家具表面镶嵌玉石、翡翠、象牙、螺钿、珐琅等装饰，使宫廷家具呈现出了雄浑、稳重、繁缛、豪华、绚丽的独特装饰风格。

再者，清帝中的康熙、雍正、乾隆有极高的艺术修养，可以说他们的参与和倡导直接推动了清代工艺美术的蓬勃发展。在关乎礼制、皇权威仪的家具制作上，自然也离不开他们的直接过问和参与。根据造办处记录资料显示，有很多谕旨是关于制作家具的。例如造办处一档案记载：“雍正十年六月二十七日，内大臣海望奉上谕：着传旨年希尧，将长一尺八寸，宽九寸至一尺，高一尺一寸至一尺三寸香几做些来，或彩漆，或镶斑竹，或镶棕竹，或做汗漆。但胎骨要淳厚，款式要文雅。再将长一尺至三尺四寸，宽九寸至一尺，高九寸至一尺小炕案亦做些。或彩漆，或镶斑竹，或镶棕竹，但胎骨要淳厚，款式亦要文雅：钦此。”又据内务府一档案记载：“雍正四年(1726年) 九月初四日，郎中海望持出榆木罩漆膳桌一张，卓旨：尔等做漆桌时照此桌款式。将上面水栏边放宽，批水牙收窄，其批水牙有尖棱处着更改，腿子下截放壮些，不必起线，上面应画何样花样，尔等酌量彩画：钦此。”两道谕旨中提到的香几、炕桌、膳桌，都有明

紫檀高花几

清乾隆　长42.5厘米　宽32厘米　高92厘米

紫檀三弯腿底座

清　长36厘米　宽23厘米　高10厘米

确的尺寸和装饰要求。可见雍正对宫中所用家具的设计和制作是很关心的，宫中的一些家具都要按照皇帝的要求进行制作。

与此同时，苏广两地的家具进贡也仍在继续，进贡至清宫的家具精品不仅制作精美，而且数量巨大。至乾隆后期，由苏广采办家具的县乡仍不为少数。如乾隆三十六年，从两江、两广、江宁、两淮等九处向宫内进贡达150件之多。

北京是明清两代京城所在地，也是最高封建统治阶层施展抱负和生活的地方，不论在物质方面还是文化领域可谓汇集了全国之优质资源，各种文化思想和艺术成就都从这里走向辉煌并产生巨大的影响。家具亦然。伴随着至高无上的封建皇权文化的广泛传播，狭义的京式宫廷家具在民间引起了狂热的追捧和效仿。许多位极人巅的皇家贵族、文武重臣也开始在有意无意间生产和使用京式宫廷家具。

道光以后，是京式家具发展的没落时期。这一时期，国势衰微，西方资本主义进入中国，全新的商品经济模式打破了我国以传统农耕为主的自给自足的社会生活。西方列强的入侵使晚清社会动荡不安，皇权岌岌可危。在八国联军的枪炮的硝烟中，无以数计的清宫国宝在明抢暗夺中被焚毁、盗取。在清宫内部，由于疏于管理，许多清宫重器也被太监盗卖。加之京城也聚集了南来北往的名商巨贾，商业往来也频繁活跃，以致大量的京式宫廷家具最终流落民间，对广大民间京式家具造型风格的把握和生产加工产生了很大影响。

宫廷家具走进民间之后，民众的喜好又使其在造型和装饰上产生新的变化。如材料的变化、因艺术修养不足导致造型的失准以及技术上的差异，再加上一味地追求商业利润而偷工减料的行为等等，使狭

紫檀小方桌

清 长78厘米 宽78厘米 高79厘米

紫檀镶八宝“得子图”花鸟插屏

清早期 高49厘米

御制紫檀雕云龙纹宝座

清乾隆

义的京式家具外延不断扩大，从而导致了广义上京式家具的诞生。

广义上的京式家具已与狭义的京式家具难以相提并论，不仅造型艺术和质量与之相差甚远，就连家具图案的雕饰也有很大的随意性，常常因专业技术水平的差异而走形，从而失去了京式家具原本的艺术价值。

2.造型特点

由于清宫造办处集中了苏广两地优秀工匠，因此，在宫廷家具式样的总体设计上，两地工匠都会对各自风格和造型有不同程度的倾向性，即表现出某些“苏味”和“广味”来。因此说，京式家具是从苏

紫檀雕“福庆有余”四件柜

清乾隆 长101厘米 宽56厘米 高21厘米

式和广式家具的基础上衍生出来的。京式家具以色泽浓重的紫檀木为首选，以制作大型红木家具为主，用料要比广式小，工艺严谨又接近苏式。在整体造型上京式家具以广式为主，追求雄浑稳重，在装饰手法上继承了两者尤其是广式家具的工艺并有所发展，又融合了某些西洋家具的雍容与气派，再加上优越的制作条件和充裕的加工时间，使京式家具具有线条挺拔、曲直相映，追求简练、质朴、明快、自然的风格，故造型严谨安定、典雅秀丽。在保持传统造型的同时，细节线条以苏式为主，多种工艺巧妙结合，既借鉴了广式家具的华丽特色，又保留了苏式家具的线条美。在材料选择、工艺制造、使用功能、装饰手法诸方面集众多之大成，显示出沉重瑰丽、纤密繁缛的意趣和特点，与清宫建筑及工艺陈设品都保持了一致性，从而给人以别开生面的感受和丰富的审美情趣。

3.家具纹饰及装饰

由于环境和使用者的特殊性，京式宫廷家具从一开始就表现出了与众不同的造型特点和装饰手法。财力、物力雄厚的宫廷家具在制作上不仅不惜工本和用料，普遍用料奢费，形制壮硕，做工精致，在装饰上更是力求华丽、气派和豪华的特点。家具雕刻精美，纹饰花样上也是纷繁复杂，以至俗得大雅，突显宫廷皇室之风。其装饰材料不仅有金、银、玉、象牙、珐琅、百宝等珍贵材料，而且纹饰也表现出了与苏广有所不同的特点。虽然纹饰多取传统纹饰中的夔龙纹、夔凤纹、蟠螭纹、雷纹、禅纹、兽面纹、勾卷纹及博古纹等，但许多纹样都要经过皇帝的审批和修整下才能准许使用。有的纹饰借鉴了皇家收藏的古玉和青铜器，有的则直接将一些玉璧、瓷片直接镶嵌在家具上，别具一格。

西洋纹饰是清中期以后宫廷家具装饰的常见纹饰之一，是广式家具西洋纹饰的又一种变异。其以团花为中心，辅以流畅、柔媚、多变的线条，造型恣意伸展而多变，在清代家具装饰中独具特色。

然而，由于宫廷家具过分地追求这种奢华和装饰，使家具的装饰和陈设性能大大增强，从而降低了家具的实用性和人本化的舒适性，进而成为一种摆设。这也是京式家具的又一特点。

（四）晋式家具

在清代家具中，以山西地区为代表的晋式家具也很值得一提。

山西是中华民族发祥地之一，有着悠久的历史，被誉为“华夏文明的摇篮”。

紫檀雕“吉庆有余”书案

清乾隆　长150厘米　宽82.5厘米　高82.5厘米

紫檀人物纹插屏

清　高66厘米

紫檀高束腰花几

清乾隆

榆木官帽椅

清 长55厘米 宽46.5厘米 高99.5厘米

清初以来，随着商品经济的活跃，山西商业资本大量累积，山西票号迅速崛起，遂形成了以商业经济活动为主要特征的山西晋商群体。山西商业资本和金融资本的发展，为山西商人聚集了大量财富，也使山西产生了诸如乔家大院、曹家大院、王家大院、渠家大院、雷家大院、侯家大院、日升昌票号等著名的民间院落建筑群，这些大院少则数百间房间，多则上千。家业的扩大、生活质量的提高使得对家具的需求与日俱增，不仅促进了山西手工业的发展，而且晋式家具应运而生，并且迅速发展。

晋式家具大约形成于明永乐二十二年(1424年)以前，在经历了三四百年的发展后，也有其继承和演变的发展轨迹，并最终形成自己的独特风格。

晋式家具的发展大致可分为三个阶段：第一阶段是明末至乾隆初期，这一阶段不论是工艺水平，还是工匠的技艺，都还是明代的继续。造型上简练、率直，这时期的家具造型、装饰等，还是明式风格。第二阶段是乾隆中期以后至嘉庆、道光年间，这段时间是清代社会政治的稳定期，也正是晋商鼎盛的时期。院落的扩充、人口大幅度增加，使得家具的需求与日俱增。当时黄花梨、紫檀数量渐少，制作家具多以核桃木、榆木等代替。这个阶段的家具生产不仅数量多，而且形成了特殊的有别于前代的特点，家具造型浑厚、凝重，装饰繁缛富丽。由于榆木不似硬木那样质地细腻，故雕饰较少；虽有多雕饰者，应为晚清作品，做工较粗。第三阶段是光绪至民国初期，这一时期晋式家具的造型笨重，纹饰呆板，大柜、扣箱等的边框平、少起线。炕柜门多走花边框、镶镜子样式。

与苏、广、京三地相比，硬木中的紫檀、黄花梨、红木等在清廷的制约下也很难运至山西，加之交通闭塞，故而晋式家具多就地取材，以当地土生土长的核桃木、松木、榆木、杏木、杨木等加工制作。在制成家具后，涂深棕色或橘黄色，再外罩桐油，也表现出造型淳厚，结构严谨，做工精细，具有明显的北方特色。

漆木家具在晋式家具中也占有相当大的比例。晋南以漆木家具为主，以金漆彩绘山水、人物、风景取胜。晋式漆木家具主要表现技法有推光漆、云雕、螺钿和漆画等，种类以桌案、橱柜类为多，好用朱漆髹饰其表，色彩浓艳。如柜类多是红色，柜内有人物彩绘，其他家具作黑漆。装饰纹样多用龙、凤、麒麟、狮子、鹿、

榆木供桌

清 长107厘米 宽107厘米 高85厘米

灵芝、云纹、卷草纹等吉祥图案，清末也常用汉字作装饰，如喜、福、寿等。山西晋北家具以木器家具为主，其结构严谨，用料大气，造型对称、结实、稳重，讲究规矩、内敛，没有苏式家具的轻灵，也没有京式家具的贵族气息，更没有广式家具的霸气，体现了晋人做事、生活的态度。

除以上诸多地方特色的家具流派外，在我国清代还出现了以上海为中心生产的海式家具、以浙江宁波为中心的宁式家具、以山东等地为中心的鲁式家具以及福建地区生产的闽式家具等等，各地家具流派均以各自不同的风格和特点，共同编织起中华民族灿烂的家具文化。

榆木靠背椅

清 长47厘米 宽41厘米 高92厘米

六、清代家具用材

从以上论述我们得知，明清家具因受社会环境、生活习俗及材料来源等因素影响，在不同时期生产制作家具时对木材的选择有着不同的特点。如明代和清早期明式家具用材以黄花梨、鸡翅木、乌木、铁力木等优质木材为主，而其中又以黄花梨的使用最为普遍。而紫檀主要流行于明至清中期，这主要是因为从明代到清代前中期，紫檀材料来源比较充足，而清中期以后，由于紫檀木原材料的枯竭，所以很少见到以紫檀大料制作的家具。清代中叶以后，随着黄花梨和紫檀等优质木材的来源日益匮乏，一种用以替代硬木制作家具的新木种——红木随着广州口岸的开放从南洋地区进口，出现在家具制作领域，并成为清中期以后的家具制作主要材料一直延续至今。由此可见，明清家具在用材方面，有着鲜明的时代特点。

根据这些时代特点和目前所见的传世家具来看，清中期可以看做是清代家具制作材料的一个分水岭。在清中期以前，是以紫檀、黄花梨、鸡翅木、铁力木等木料制作家具的时代，而很少看到有红木家具。乾隆以后，随着这四种木料日渐匮乏，特别是在紫檀木、黄花梨木告罄后，硬木家具中以黄花梨和紫檀为制作材料的家具就日益罕见。所以，现今许多行业内人士认为，凡用这四种硬木制成而又没有改制痕迹的家具，大多为明至清中期制作的传世家具。

红木四仙桌

清 长96厘米 宽96厘米 高82.5厘米

酸枝镶瘿木面小几

清中期 长56.1厘米 宽25.4厘米 高21厘米

七、清代家具主要装饰手法

在清代，我国古代各项工艺美术蓬勃发展，包括铸造、陶瓷、漆器、珐琅、雕

紫檀嵌瘿木面花几

清乾隆 直径35厘米

红木太师椅（一对）

清 长60厘米 宽44厘米 高96厘米

刻、镶嵌、竹木牙雕、织绣等均发展至鼎盛，是我国工艺美术集大成时期。与民间工艺相比，清宫集天下之良材，不吝工时，以精湛技艺精工细作，成就了清代宫廷无与伦比的皇家气魄。

作为清代工艺美术优秀代表的家具，在皇家审美标准的倡导和影响下，在制作装饰的过程中就充分调动了各项工艺美术的表现技法和手段，以追求皇家富丽堂皇、富贵豪华的总体艺术效果，集百工装饰手法之大成，更是琳琅满目、美轮美奂。

清代家具的装饰手法主要有雕刻、镶嵌、描绘、髹饰等。具体特点如下：

（一）雕刻

雕刻是通过各种刀具在家具上表现各种图案纹饰的手法。根据表现手法的不同可分为线刻、浮雕、透雕、阴雕、圆雕和双面透空雕等。在明清家具雕刻中，有的家具上常施以各种雕刻手法，也有的穿插使用，而更多的是组合、交叉使用。而尤以浮雕与透雕组合使用最多，聪慧的工匠把浮雕与透雕组合起来，二者优点交相辉映，相得益彰。

1.线刻

线刻，又称“线雕”，是用刻刀在木料上以线条的形式表现纹饰图案的一种装饰技法。有阴刻、阳刻之分。阴刻刀路低于木材表面，具有流畅自如、清晰明快的特点，犹如中国画中的“白描”，是明清家具纹饰造型手段之一，主要是用来装点某一局部，大面积使用者并不多见。阳刻则将线条周围的“空白”部位去掉，使线条凸起。阳刻多用于桌子腿和牙子上的圈边起线。

2.浮雕

浮雕是明清用于家具装饰的最常见表现手法之一，就是通过雕刻使图案凸起并具有深浅不同的立体感，还可以表现出纹饰深浅不同的层面之间上下穿插、互相重叠的空间关系，具有深远和丰满的优点。浮雕也称凸雕，适宜表现各种复杂的纹饰图案，使用极广。根据纹饰雕刻深浅的不同，浮雕又可分为浅浮雕和深浮雕两种。

浅浮雕顾名思义就是纹饰雕刻较浅，也就是凸起的纹饰一般不高于雕体的二分之一，浅者比线刻略深。常应用于桌案的冰盘沿、牙板和腿足上；再如清代京式家具各种椅子、宝座的靠背也十分常见。典型的如清代方角柜各柜面的处理上，就多表现有繁缛复杂的各种浅浮雕海水龙纹等等。

与浅浮雕相比，深浮雕则是一种适宜表现多层次，多角度，纹饰内容丰富复杂

红木大画桌

清 长177.5厘米 宽89.5厘米 高84厘米

的装饰手法。在空间处理上，传统深浮雕多运用中国绘画中的散点透视法将千里之遥的景色集中表现在一个画面内，并利用雕刻高度的差异表现出景色的深远关系，以突出主次和虚实关系，具有一定的立体感。为满足纹饰题材适宜高度的表现，在雕刻前对材料的选择就显得十分必要和慎重。而制作明清家具的硬木却刚好满足了这一需求，尤其在清代，紫檀和红木的使用就完美地实现了深浮雕的各种表现手法。

为突出主体，深浮雕常用对比的手法处理主次关系。如主体以深浮雕形式表现，而主体以外的“空白”部位则处理成平底或者锦地的形式，其中锦地的形式多

紫檀云蝠纹大平头案

清乾隆 长209厘米 宽51厘米 高92厘米

表现在漆木家具上。

深浮雕常与圆雕结合应用，使雕刻的部位在满足结构要求的同时，还具有一种强烈的立体感，甚至更像一种雕塑，以追求形象的逼真性与完整性。常应用于宝座和扶手椅的靠背和扶手上，尤其在广式家具上表现得更为突出。

3.阴雕

阴雕，又称“沉雕”，是将纹饰雕刻成凹陷下去，并通过凹陷面表现纹饰立体感的一种雕刻手法，其表现特征正好与浮雕相反。典型的如月饼模、墨模等。但在家具上很少使用。

4.透雕

即通过雕刻将木材在展现纹饰的同时还具有通透视觉效果的木雕表现手法，常见于家具的板材和柱材上。如家具上的花牙板和圈椅的扶手就十分具有代表性，其中尤以板材类的透雕最为常见。如清代椅子的背板、桌案的牙条、挡板等部位，使用整块透雕，明显突出剔透、空灵的效果。

透雕在古代叫“锼活”或“锼花”，其工艺是先将设计好的图纸贴在木板上，然后在每组图案的空白处打一个孔，将锼丝穿入，往复拉动锼弓子，可把图案的轮廓“锼”出来。然后按照纹样的转折和起伏，精心雕刻加工。由于锼弓子一次要“锼”几块，所以能保证图案完全相同。图案的设计和“锼工”的高低，决定了透雕质量的优劣。

透雕还可以结合其他雕刻方法一起表现，形成多层次的镂空雕刻，可使家具具有精细、通透、灵秀、华美的特色，具有较强的表现力，是明清大型家具中常使用的一种雕刻技法。

红木镶云石灵芝纹太师椅（一对）

清 长59厘米 宽44厘米 高101厘米

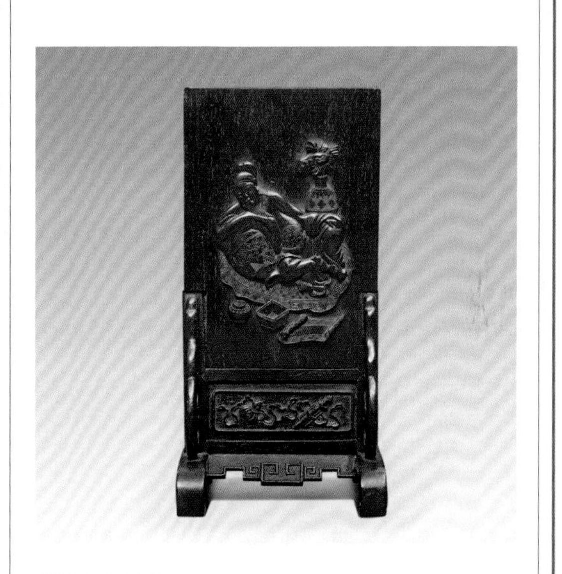

紫檀插屏

清 宽14厘米 厚10厘米 高28厘米

5.圆雕

圆雕是现代术语，一般指没有背景、

红木大理石云纹圆插屏

清 高67厘米 宽40厘米 厚15厘米

紫檀高浮雕博古图画箱

清乾隆 长42.2厘米 宽26厘米 高22厘米

具有真实三度空间关系、可从多角度观赏的雕刻。作品必须在前、后、左、右四面都要雕刻出具体的形象，是一种完全立体的雕刻表现手法。作品内容多取材于人物、动物、植物，题材以吉祥为主，以供人们欣赏为目的。

在清代，家具中的广式家具常见有圆雕形式的处理，如有些家具的端头、柱头、腿足、底座等，多以人物、动物、植物等形象雕刻而成，其中有的就具有三维空间，我们可以作为圆雕来看待。最为典型的当属小型家具，诸如水呈、笔筒等文房家具，就多以圆雕的形式处理，既有实用功能，又可观赏把玩。

6.透空双面雕

透空双面雕即将两面都施以雕刻，并达到局部通透效果的雕刻表现手法。

透空双面雕多在板材的两面表现，类似苏州的“双面绣”，可供人们两面观赏，多施于条案的挡板、门窗板、隔扇、衣架、屏心等，正背两面图案相同，只不过一正一反而已。

透空双面雕以纹饰图案的繁简不同或表现以富丽堂皇的艺术效果，或表现以含蓄宁静的艺术神韵，常作为大型家具的主要装饰面而主导家具的气韵风格，具有很高的艺术欣赏价值。其丰富的层次和强烈的工艺观赏性，也反映出工匠们的聪明智慧与巧妙的构思以及高超的雕刻技艺。

（二）镶嵌

镶嵌是将不同材质的装饰品通过开槽、粘贴等方式固定在载体上的一种装饰手法。镶嵌材料种类有很多，如木、牙、石、瓷、螺钿，以及琥珀、玛瑙、珊瑚、宝石、珐琅、金银片等等，故又名“百宝嵌”，其中尤以螺钿镶嵌居绝大多数。

镶嵌以其表现形式的不同可分为凸嵌和平嵌两种。

平嵌法，多体现在漆器家具上，有些木家具的面上也用平嵌法。漆家具的平嵌法是先以杂木制成家具骨架，然后上生漆一道，趁漆未干，粘贴麻布，用压子压实。干后再涂生漆一道，阴干，上漆灰腻子两遍。再在漆灰上打生漆，趁黏将事先准备好的嵌件依所需纹饰粘好。如此反复，通常要上两到三遍漆，使漆层高过嵌件。干后，经打磨，使嵌件表面完全露出来，再上一道光漆，即为成器。

凸嵌法，即在单色素漆家具或各种质料的硬木家具上，根据纹饰需要，雕刻出相应凹槽，将嵌件粘嵌在家具上。由于具有起凸的特点，使纹饰显出强烈的立体

红木龙纹翘头案

清中期 长286厘米 宽57.5厘米 高91.5厘米

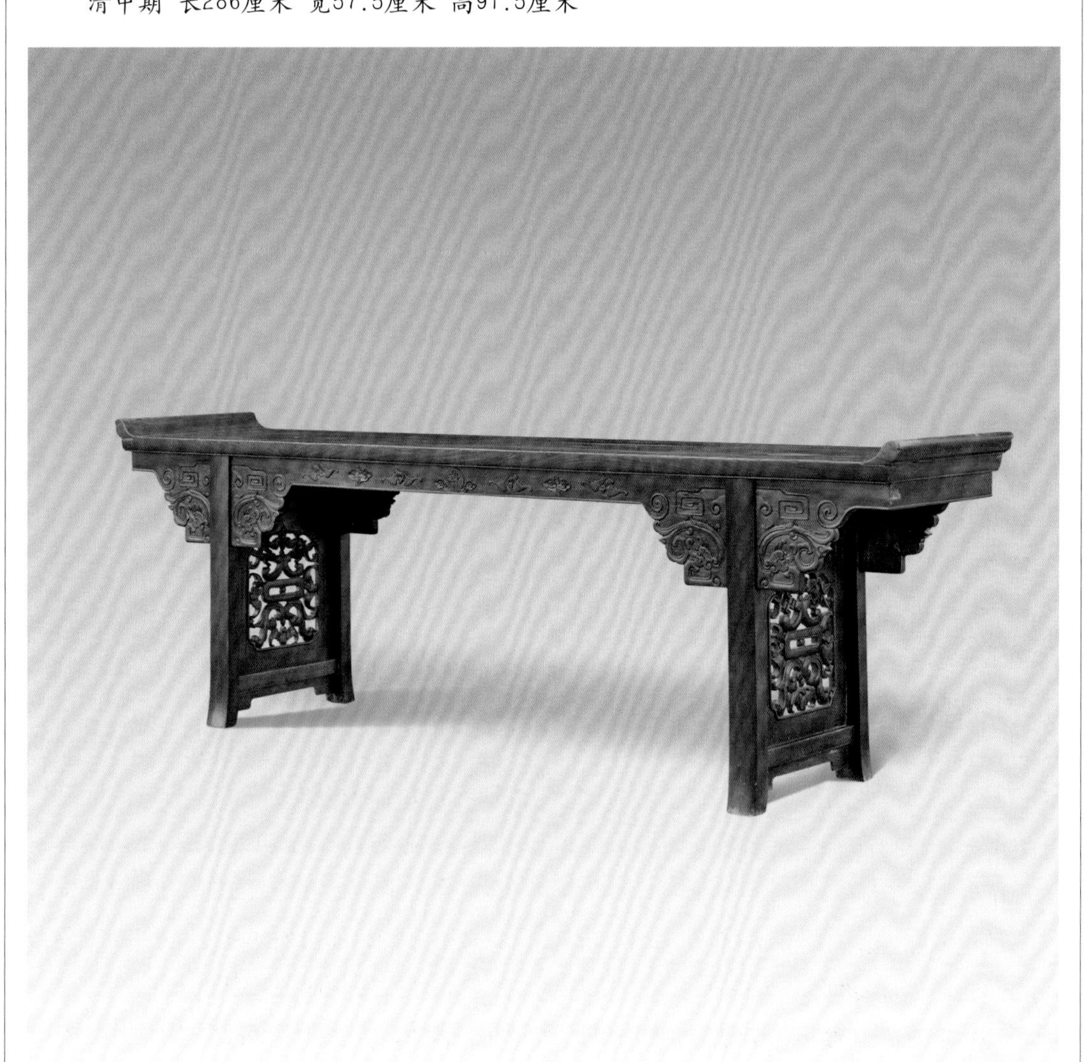

紫檀嵌百宝万福添源座屏

清中期 高87厘米

感。偶尔也有例外，镶嵌手法相同，而嵌件表面与器身表面齐平，如桌面四边及面心，就采用这种方法。

家具镶嵌工艺自商周时期就已出现，如河南安阳商代殷墟大墓所发现的大型鼓、磬、抬舆陈设以及陕西长安张家坡西周墓所发现的漆俎上就有用蚌贝、兽牙等镶嵌而成的各种图案。其中的嵌蚌贝工艺便是后来嵌螺钿工艺的直接前身。家具镶嵌的另一种常见手法是嵌玉、嵌宝石。商代后期至西周还出现了包铜和贴金工艺，这种工艺至春秋时又发展为金银错和金、银、铜钿，多是用于家具中的名贵品种(如屏风、几、案、奁匣类)。随着家具制作工艺的成熟，家具镶嵌技术在战国以后发展迅速，除各种金属饰件(包括用金、银、铜等镶边包角、加足施座及嵌以金银花纹等)在家具工艺中被广泛使用以外，先后出现的重要镶嵌形式还有雕填色料或彩漆，嵌螺钿，金银平脱，百宝嵌(如牙、骨、玉、石、色木类)，以及戗画工艺等。

百宝嵌在明末扬州由周翥所创，到清乾隆以后，得到很大发展。《骨董琐记》中说："五彩陆离，难以形容。真未有之奇玩也。"在清代家具中，百宝嵌应用最多的种类当为屏类，各种材料镶嵌的座屏、插屏、挂屏等数量不乏。其材料就汇集了各种颜色的宝石、彩石等，利用其天然色泽加工成纹饰组成单元，再通过拼接镶嵌呈现出完整的画面，装饰效果自然逼真。

螺钿嵌即用蚌壳加工成薄厚不一的片状镶嵌而成。有白色和彩色之分，其中又以五彩缤纷的五彩嵌最为美丽。螺钿嵌在清代已发展完善成熟，工艺精良。片厚的螺钿称硬螺钿，多用于硬木家具上。片薄的螺钿称软螺钿，多用于漆木家具上。用薄片螺钿镶嵌是镶嵌工艺的最高程度。

由于镶嵌的装饰效果非常突出，故清代家具多用镶嵌的方法进行装饰，充分发挥了雕、嵌、描、堆等工艺手段，使家具显得琳琅满目、华丽异常。

（三） 饰工艺

髹饰是指在我国古代以漆或蜡为材料髹涂家具和日常生活用具的一种工艺。其主要目的是为了保护和美化家具表面。按其所用材料的不同可分为漆饰、蜡饰两种。

1．漆饰

漆饰是指以"生漆"为材料的各种髹涂和装饰工艺。我国使用漆器的历史非常久远，早在新石器时代，人们就认识到了漆的性能并用以制器。历经商周直至明清，我国漆器工艺不断发展，达到了相当

红木二门佛龛

清 长30厘米 宽13.6厘米 高44厘米

百宝嵌细工屏风

清 宽62厘米 高61厘米

高的水平。

明代以来漆饰工艺十分发达，官营与民营漆作坊的产品相互媲美，能工巧匠辈出，工艺达到了很高的水平。到了清代以后，黑色成了最流行的色彩，以黑为贵成了时尚。黑色的大漆家具有着广泛的市场，至今在北方的一些地方还能看到这种文化的传统。

漆器的髹饰技法大体分为髹涂、描绘、填嵌、堆饰、刻画、雕镂和雕漆等几类。

髹涂是将漆涂于漆胎上，此方法为最古老的方法，是一切漆器髹饰的基础。描绘是一种用笔蘸漆或油在器物上画花纹的装饰方法。填嵌是一种将金、银、螺钿等自然美材利用漆的黏性粘贴于漆面上的一种方法。堆饰是一种用漆或漆灰堆出不加雕琢的漆器髹饰技法。刻画是一种用金属刀或针在尚未干透的漆膜上，镌刻出阴文，所刻花纹线条细如游丝，有的再填入金、银或彩漆的一类技法。雕镂是一种在漆胎上雕刻出花纹的图案，然后髹漆，使其具有立体感的髹漆技法。雕漆是在堆起的平面漆胎上剔刻出花纹。

明清漆器按工艺的不同可分为14类，即一色漆、罩漆、描漆、描金、堆漆、填漆、雕填、螺钿、犀皮、剔红、剔犀、款彩、戗金、百宝嵌等。

(1) 一色漆

一色漆器即不加任何纹饰的漆器，宫廷用具常用此法。一色漆与罩漆略有不同。罩漆为透明状，是髹涂在一色漆器或有纹饰的漆器上的保护漆。明清宫殿中的宝座、屏风多用罩金髹。

(2) 描漆

描漆包括用漆调色描绘及用油调色，在光素的漆地上描绘各种漆画纹的装饰方法，又称“彩漆”、“描彩漆”，在黄成《髹饰录·坤集·描饰第六》中又名“描

黑漆描金人物书箱

明末清初　长81厘米　宽53.7厘米　高60.5厘米

剔红卷草纹束腰小几

清　长50厘米

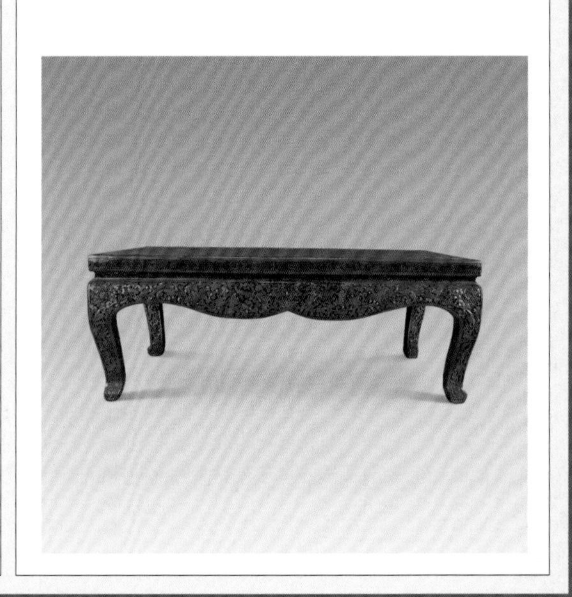

嵌螺钿香几

清 高41厘米

华”、“设色画漆”。器型主要有家具类如几、案、箱、床、屏风等；饮食器类主要有豆、耳杯、勺、盘、俎、酒注、樽等；生活日用器类有盒、奁、盂、壶、梳、篦、棋、虎子等；文具类有削刀、简牍、文具箱等；陈设类有座屏、摆设、以及乐器类、兵器类、车马类及丧葬类等，描漆的装饰图案有几何纹、人物图案、动物纹等。描漆制品的胎多为木胎。清代也常有描漆器物的制作。

(3) 描金

描金是在漆器表面用金色描绘花纹的装饰方法。其具体做法是在漆器的表面，先用“金胶漆”描绘花纹，趁漆未干，用

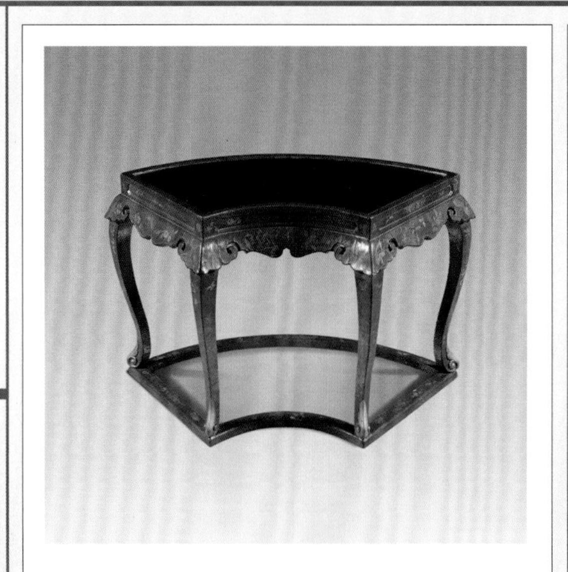

大漆描金花蝶纹扇形几

清 长90厘米 宽41厘米 高55厘米

朱漆描金拉丝人物方盒

清 长47厘米 宽27厘米 高13厘米

丝棉球拂上金粉，花纹则呈金色，叫做描金。这是传统的做法，现在的做法则是用漆直接调入金粉后用描金笔在漆器上勾画花纹。描金在黑漆地上为最常见，其次是朱色地或紫色地。也有把描金称作“描金银漆装饰法”的。其典型代表如北京故宫博物院藏的万历龙纹药柜。

（4）堆漆

堆漆是指不用漆灰而用不同于地漆色的漆制作花纹的一种髹饰技法。现作堆漆可用胶制材料，可贴金和涂彩，含义较为广泛。堆漆以北京故宫博物院藏的黑漆云龙纹大柜为代表。

（5）填漆

填漆是将填陷的色漆，干后磨平的方法来装饰漆器。明·高濂《遵生八笺》言：“宣德有填漆器皿，以五彩稠漆堆成花色，磨平如画……”《帝京等物略》亦有记载：“填漆刻成花鸟，彩填稠漆，磨平如画……”这种堆刻后填彩磨显出花纹来的髹饰技法称之为“填漆”。

（6）雕填

雕填是在特制的髹漆坯件上，彩绘各种图案纹样，将画面每个部位的外轮廓，以刀代笔勾勒出轮廓槽线，戗以金粉，使画面更加丰满，具有色彩华美缤纷、图案线条流畅的艺术特征。雕填自明代以来即广泛使用，是明清漆器中使用较多的一种，典型代表如北京故宫博物院藏的嘉靖龙纹方胜盒。

（7）螺钿

亦作“螺钿”、“螺填”，是用贝壳薄片制成人物、鸟兽、花草等形象嵌在雕镂或髹漆器物上的装饰技法。明清的螺钿器厚、薄并存。至清中期螺钿又有了进一步发展，镶嵌更加细密如画，还采用了金、银片，装饰效果璀璨华丽。典型的如故宫博物院藏的婴戏图黑漆箱、黑漆书甲及云龙海水长方盒等。

（8）犀皮

又称“虎皮漆”或“波罗漆”， 其作法是先用雌黄加入生漆调成黏稠的漆，然后涂抹到器胎上，做成一个高低不平的表面，再用右手拇指轻轻将漆推出一个个突起的小尖，上面逐层刷不用色漆，最后磨平，形成一圈圈的色漆层次。犀皮漆的外貌呈现出“表面是光滑的，花纹由不同颜色的漆层构成，或像行云流水，或像松树干上的皱纹。乍看很匀称，细看又富于变化，漫无定律。图案天然流动，色泽灿烂，非常美观”。犀皮在清代家具中常作为文房诸器的

剔红雕“二友图”柜

清乾隆 长38.5厘米 高49.5厘米

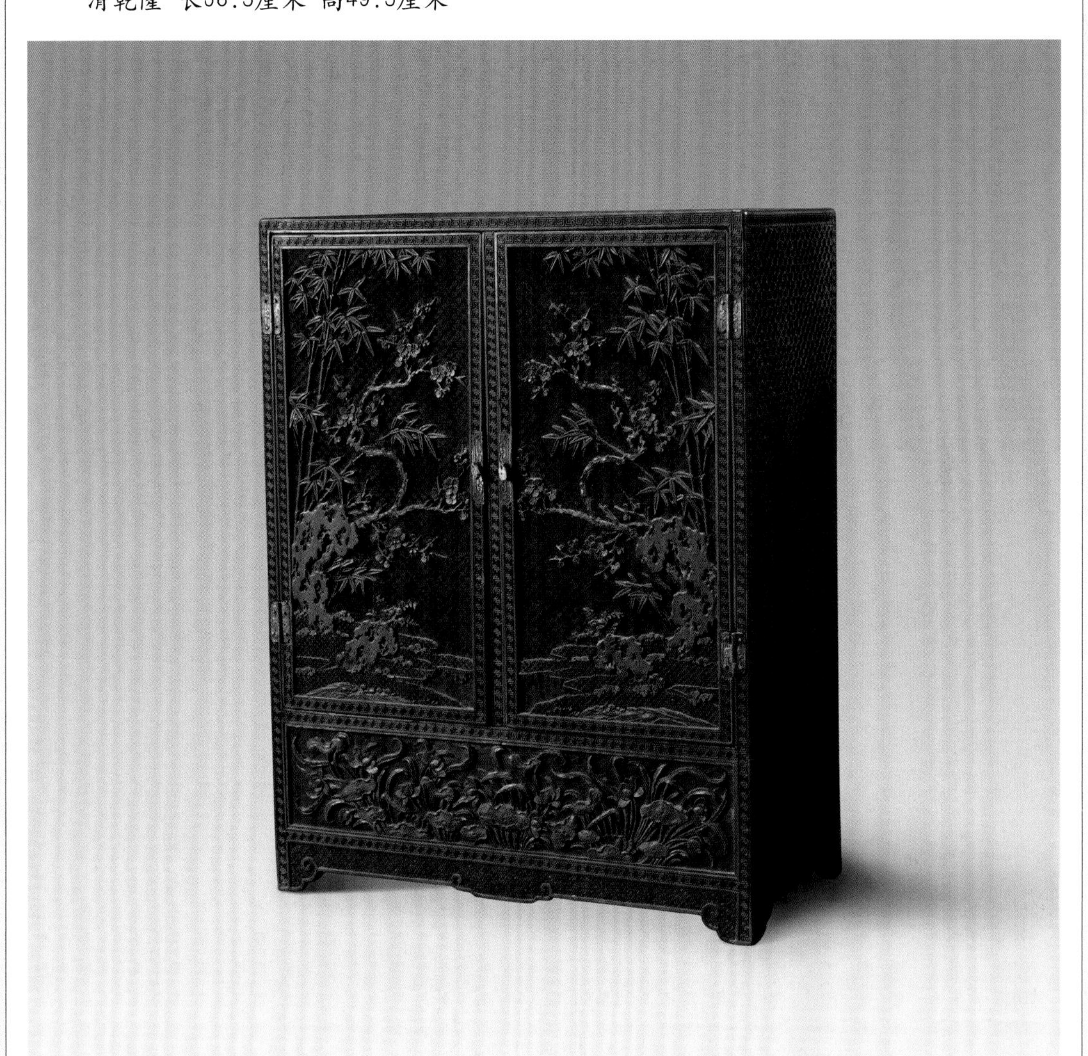

鸡翅木马蹄腿罗锅枨有束腰条桌

清 长111.7厘米 宽56.2厘米 高88.5厘米

髹饰装饰，如镇纸、砚盒等。

（9）剔红

即在胎骨上用多层朱漆积累到需要的厚度，再施雕刻的一种装饰工艺。俗称“红雕漆”，是明清漆器中数量最多的一种。明初承元代肥硕圆润的风格，宣德以后，堆漆渐薄，花纹渐疏，至嘉靖时磨工少而棱角见，至万历时刻工细谨而拘敛。入清以后，日趋纤巧烦琐。典型家具有剔红的案几及各种盖盒、捧盒等。在家具上用朱漆一遍遍地髹刷到一定厚度后，再加以雕刻的装饰方法即是剔红。另外，这种工艺还可根据漆色不同另行调漆制作，如用朱漆髹刷为剔红，用黄漆为剔黄，还有剔绿、剔彩等。从明·曹昭《格古要论·古漆器论·剔红》中的话就可看出："剔红器皿，无新旧，但看硃厚色鲜红润坚重者为好。"

(10) 剔犀

通称"云雕"。即以两种不同颜色的漆髹涂至一定厚度，再用另外一种色漆髹涂至相同的厚度，待漆层略干后，用刀以45度角雕刻出回纹、云钩、剑环、卷草等不同的图案。由于漆层呈有规律的逐层积累，所以纹饰也会形成一定规律的变化，形似云纹，线条简练、流畅、大方。剔犀一般情况下多以红黑两色为主，家具类型包括各种造型的桌案台几，还有各种盒、箱等。

(11) 款彩

也被称为"刻漆"或者"刻灰"，是一种以漆为底，阴刻花纹，然后在花纹内填充漆色或油色，或填金银的髹饰工艺。常见的实物是屏风和立柜。

(12) 戗金

其工艺是在器物上先髹以漆，等漆干固后，再以针刻刺图样，然后在纹样中填漆，至后用金屑填入缝隙中使之平，称为戗金。撒银屑的，称为戗银。明时戗金极为成功，故名器很多。明鲁王墓中发现的盖顶云龙纹方箱是明初戗金的标准实例。

(13) 百宝嵌

百宝嵌是用各种珍贵材料如珊瑚、玛瑙、琥珀、玉石等做成嵌件，镶成五光十色的凸起花纹图案，明代开始流行，清初达到高峰。参见前文。

2. 蜡饰

蜡饰工艺是指在家具表面通过封蜡的方式进行保护家具和美化家具的一种方式。其具体做法是在打磨光平的座椅、素架上，敷些有机颜料，将底色调匀，使座

黄花梨蝠纹折叠炕桌

清早期　长55.4厘米　宽37.4厘米　高24.9厘米

黄花梨缠枝莲小炕桌

清早期　长77.2厘米　宽42.1厘米　高29.6厘米

椅整体色调基本一致，然后把座椅烘热，边烘边把蜡涂上，使蜡质浸入木质的内部，再用干布用力擦抹，把浮蜡和棕眼处理掉。经过这样蜡饰的家具，表面光腻如镜，能显示木材的质地优良、纹理细密、色泽典雅的天然美。在明代，类似座椅这种紫檀、花梨、酸枝木、鸡翅木等硬木家具，因其木材本身有活泼美观的纹理和深沉的色泽，人们不仅在配料方面非常注意色泽的一致性，而且在髹饰上也不施其他有色的涂层，唯用封蜡工艺以展示其纹理的天然色泽之美。

蜡饰工艺多用于座椅类家具。例如蜡饰后的紫檀座椅，在一定角度光线投射下，呈现一种柔和美妙如绸缎般的色泽。而蜡饰的黄花梨木座椅，则具有琥珀般透明的视觉效果。

（四）其他装饰手法

除以上雕刻、镶嵌和髹饰装饰手法以外，清代家具还用贴黄、掐丝珐琅等手法。清代家具的装饰是在各项工艺美术发展臻熟的总体格局下实施的，其装饰手段结合各项技艺美术技艺之优点，兼容并蓄，是前期任何朝代所不能相比的。例如前述的浮雕与透雕的结合，彩绘与描金的结合，彩绘与雕刻的结合，甚至描金与百宝嵌的结合等等。有的为了达到华丽绚烂的装饰效果，甚至是多种材料、多重工艺一并在紫檀、黄花梨等优质木材上恰当施艺，从而达到了清代家具独特的、辉煌璀璨的装饰艺术风格。

鸡翅木花几（一对）

明 长40厘米 宽40厘米 高86厘米

红木方炕桌

清 长74厘米 宽74厘米 高33厘米

明清家具的作伪与辨伪

准确地讲，明清家具的作伪一直就有，特别是20世纪80年代收藏市场兴起之后更是大量地出现，是在收藏市场家具价格日益攀升的背景下，在追逐利益的动机中出现的。一句话，是追逐利益的结果。明清家具是我国古代家具发展的两个巅峰时期，其家具具有各自不同的艺术特点和收藏价值，尤其在紫檀、黄花梨等硬木材料已逐渐枯竭的现实情况下，日益攀升的家具价格就催生了伪工制假售假的动机。各种作伪的“技术”和方法就应时而生。

一般来说，明清家具常见的作伪方法不外乎从材料、造型和器表特征做文章。

红木圆桌

清 直径83厘米 高83.3厘米

一、明清家具常见作伪方法

（一）材料作伪

是指以材料为主进行的一些作伪方法。

1.假冒良材

我们知道，明清家具之所以显贵，其第一要素是因为大多用紫檀、黄花梨、花梨、铁梨、红木等高档硬木制成，其比重、色泽、纹理等物理性质均具有一些不可替代的优越性。

基于这种情况，伪者常会利用硬木不易分辨的特点，以劣充好或者优劣混搭制作家具。有的是指通过各种方法改变木料的颜色、呈相，以冒充紫檀等名木，谋取不法利益，使消费者遭受经济和精神上的损失。

据业内人士介绍，改变家具的木料颜色的方法有很多，尤其在目前科学技术已经较为发达的今天，许多伪工以开始借助“高科技”手段作伪，令人防不胜防。经梳理归纳，仅紫檀作伪方法就有擦鞋油，上涂料，刷高锰酸钾，涂抹食用碱、火碱和刷石灰等。如刷高锰酸钾，就用本为紫黑色的、具有强氧化性的高锰酸钾使家具表面变黑变紫，与紫檀颜色十分接近。但家具处理过的部位经过强光的照射，依然会看到紫蓝色的痕迹，且其表面呈相灰暗，少有光泽，与紫檀木材有明显差别。

2.分拆重组

即将一件或多件完整或不完整的家具拆散，再混用劣质材料或者伪制材料的构件重新组合成另外几件家具，再以佳料整器的老家具名义出售，以牟取高额利润。最为常见的实例如把一把椅子通过新旧材

红木书柜

清 长90厘米 宽41厘米 高158厘米

黄花梨平头案

明 长127厘米 宽49厘米 高80厘米

料的重新搭配组合改成一对椅子，甚至拼凑出四件套，并以旧器修复的名义堂而皇之地出售，不仅严重地破坏了遗存家具的原貌，有极大的欺骗性，也使珍贵的古代遗存遭到破坏，令人扼腕。所以，若发现家具有许多构件乃经后配组装，就要十分

慎重。

3.夹装杂材

这种作法常见于包镶家具。包镶家具早在清中期就有，是传统苏式家具出于“省料”的目的而采取的一种家具构件制作方法。其目的是充分利用良材余料，使其发挥应有的作用。一般来说所包镶部位少而小，不作大面积包镶处理。而与包镶不同的伪工则不同，其手法则会在大面积普通木材制成的家具表面“包镶”，俗称“贴皮子”，以致家具均以硬木良材的表象示人，加之做工精细，外观如是，就有极大的欺骗性。

（二）造型作伪

指通过改变家具造型、装饰甚至结构的各种作伪手法。

1.改高为低

明清家具尤其是明式家具是明代文人结合宋元家具的造型结构和当时文人生活的需要产生的，其造型不仅具有简练朴素的特点，更为重要的是还根据人体结构及活动特点设计制作，具有美观实用多重功能。尽管清代某些家具材料比较充裕，家具制作也有加大加粗的情况，但总体来说，家具的制作还是比较讲究其实用性的。

而在家具收藏领域，这些因素往往为伪工所不屑，他们以追逐高额利润为目的，将一些残器甚至是整器改高为底，以满足购买者对现代家庭生活的需要。改低家具一般多将腿足截掉，如典型的将八仙桌改低就可以适应现代生活中客厅家具的配套使用，再如将花几、香几改低等等。再如架子床由于床围上部的构件较多，又可拆卸，故传世架子床多有辅件散失不全，如需修配，耗时耗力，且难以修配完整，不露痕迹。于是伪工常将其改成罗汉床，截去立柱后的架子床座，三面配上架子床的床围子，仿制成罗汉床出售。

改低的家具较易辨认，因造型的改变

祁阳石雕“月下梅花”插屏

清 高39厘米

红木花几（一对）

清 长48.5厘米 宽34.5厘米 高74厘米

常常会使家具有一种头重脚轻、呆板、怪异的感觉。

2.以多充少

俗话说，物以稀为贵，“稀而贵”不仅适用于古代家具的收藏，也同样能体现出古代家具收藏价值的重要性。因此，许多伪工也为迎合此类消费者的心理，将一些常见的、经济价值不太高的家具进行“改良”。如把传世时间较短且不太值钱的半桌、大方桌、小方桌等改制成较为少见的抽屉桌、条案、围棋桌等。有的还根据家具造型的不同进行特定改制，从而获得较高利润，手法多样，不一而足。

3.移花接木

因使用不当或保存不善等原因，造成家具破损或者构件遗失而使家具造型结构严重残缺者，不论是使用者还是收藏者，或许均会对其进行修复和还原，但一般均会以同一材质的木料进行修补和替换。不同的是，伪工常以其他木料或者非同类的残余构件拼装而成，俗称“移花接木”。此类材料作伪多以辅件为主。

4.改头换面

如果是以辅件为主作“移花接木”的修补，在家具造型结构尚未改变的情况下还有可取之处，而以改变家具主体或者任意更改家具原有结构和装饰的行为则会令人不齿了。如将看上去比较“素”的清代家具，加装各种装饰，或将装饰较多的且残破的家具的装饰有意除去，以冒充年代较早的家具，使家具呈现出一种怪异的新造型，这种行为，不仅是一种低劣的作伪，同样也是一种对家具的破坏。

红木高低式炕几

清 长106厘米 宽53.5厘米 高40厘米

（三）器表特征作伪

准确地讲，此处所讲的器表特征是非材质本身所具有的，而是指家具在经年使用的过程中自然而然形成的一些特征。

1.制作旧痕

家具的“旧痕”通常是指家具在经年累月的使用、搬运、擦拭中，在外力的作用下，有意无意形成的一些碰伤、擦痕以及松散开裂的现象。因为长时间内在不同作用力作用下累积形成，故这种“旧痕”多呈现出一种岁月沧桑感，其痕迹也会呈现出没有规律的、无序的特征。典型的如桌椅下方的托泥，在长时间脚踩摩挲的过程中，其上截面就会变得棱角全无，甚至是仅剩一半；再如桌案凳椅的腿足足胫，也常因搬动或者地面的潮湿会有裂隙或者腐蚀磨损的现象等等，都是家具在使用过程中自然形成的。

而对于作伪者来讲，这些家具体表

红木四仙桌

清 长96厘米 宽96厘米 高82.5厘米

特征也可以通过外力作用在短时间内加工而成，是可以通过人为方法进行“催生”的。如家具上因擦拭而产生的旧痕他们常用钢丝球、钢丝棉、水砂纸擦拭而成，上漆后再用热水杯、热锅烫出“实用”痕迹，必要时再用小刀割划几道印。有的还采用细砂纸、粗布在容易“磨损”部位精心打磨，然后上蜡，看上去真有一种饱经岁月沧桑的感觉。对于桌案腿足足胫，伪者有的利用石灰，有的在淘米泔水或茶叶水中浸泡数日，然后置之室外或恶劣的环境中，经过数月，家具表面不仅木色发暗，木筋开裂，而且足胫也会形成常年水浸的旧痕，一如传世家具表面历经风雨的旧气。

2.虫蛀鼠噬

虫蛀鼠噬是自然生物对家具的破坏，常出现在橱柜类家具或者抽屉的内表，一般不会引起人们的注意，也具有不规则性和很大的欺骗性。

为了达到“逼真”的效果，伪者有时通过外力在家具相应的部位做出被虫蛀鼠噬过的缺口，或将部分构件换成虫蛀鼠噬过的老料，刻意蛀出“真实”的特殊效果，蒙骗收藏爱好者，谋取利益。但事实上，很多硬木家具因硬度较高，不仅连虫鼠难以蛀蚀，就连人在徒手的情况下也难以切割和破坏。

3.包浆作伪

“包浆”是古玩行中常常听到的一个词，在南方多称之为“皮壳”。是古玩体表经久生成的一种沉静、含蓄、熟旧的气息，包浆的生成或浓或淡，或隐或现，是随着器物本身在常年把玩的过程中逐渐积淀而成，本身有一种苍老感。家具亦是如此。如经常使用的家具不仅在外表显示出一些外力作用下的旧痕，同时也会隐约显示出“包浆”来。一般来说使用过的家具有包浆，使用时间久远的家具包浆更加明显。但值得注意的是，包浆本是一种器物外在的气息，也就是并非没有使用的家具就没有包浆。不同人对此有不同的理解。

如此看来，包浆似乎很“玄“，或正因为如此，伪工亦常以非正常手段“加工”包浆。诸如在家具经常磨损的地方涂以蜡，然后在不停打磨，使之光洁光滑，犹如经年摩挲形成的表象一般。再如将家具的内面、底面喷以胶液，然后再洒上浮尘，造成老家具久而未擦的积尘效果，给人以苍老熟旧的感觉。但经过多看多比较和仔细观察，其呈相完全与“包浆”所透析出的气息不同。

二、明清家具的辨伪

尽管人类使用家具的历史非常久远，但我们今天所能见到的古代家具主要还是明清两代的制品，也是我国古代家具发展过程中的优秀代表。明代是我国家具史上的黄金时代。这一时期家具的造型、装饰、工艺、材料等，都已达到了尽善尽美的境地，具有典雅、简洁的时代特色，后世誉之为“明式家具”。清式家具以设计巧妙、装饰华丽、做工精细、富于变化为特点。尤其是乾隆时期的宫廷家具，其材质之优，工艺之精，达到了无以复加的地步。

明清家具典型地体现了我国古代家具所具有的极其精湛的工艺价值、极高的艺术欣赏价值、丰富的历史文化价值和收藏价值。

紫檀条桌

清 长155厘米 宽38.5厘米 高83厘米

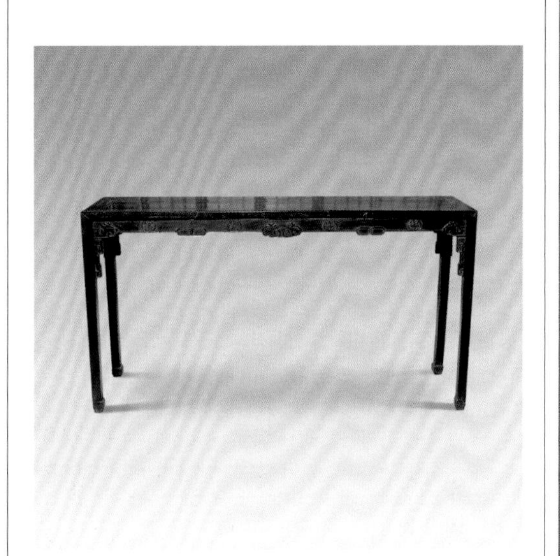

红木大画桌

清 长177.5厘米 宽89.5厘米 高84厘米

随着20世纪80年代收藏市场的兴起，明清家具的价值逐渐也为人们所认识。也正是由于明清家具在收藏市场上的“突出表现”，大量以之牟利的不法商贩产生。有的是在中间环节作伪，有的以修复为名，有的则直接以作伪谋生，使明清家具收藏市场新生了许多变数和陷阱。基于此，明清家具的识伪和辨伪便成了家具收藏领域必做的功课。

根据业内众多相关人员的经验，笔者汇总了一些常见的和实用的辨识方法，以飨读者。

（一）材料识别

材质识别是辨伪的基础。在用材方面，明清家具均有鲜明的时代特点。如清中期以前，家具多用黄花梨、紫檀、铁梨木等硬木制作，所以，以这几种材料制成且没有改动迹象的家具，大多为传世的明式家具原件。而清中期以后，随着木材的日益匮乏，酸枝、花梨等作为替代材料出现，故红木家具多为清中期以后直至晚清，乃至民国时期的产品。紫檀和黄花梨等贵重材质的家具，伪者将颜色或纹理相近的木材混用作伪。典型的如紫檀家具，伪者就会在不显眼的地方使用老红木或经过髹饰的深红色漆木等等。可见，材质对家具鉴定的重要性。

尽管伪者有高超的“技艺”，但不可否认的是，不同材质均有各自的天然本性和特点，而掌握这些特点就足以成为木材辨伪的利器。就紫檀、黄花梨和红木材质特征的识别前文已有详述，此处不再赘述。

（二）造型判断

1.整体造型变化

家具作为一种工艺性产品，往往会由生产时代的社会文化环境所决定，也就是说社会风尚的流行对家具的造型起了决定性的作用。明清家具也是如此。典型的如明式家具到了清代中期便由清代风尚的主流——宫廷家具所替代而形成清式家具典型风格。有些较早出现的家具品种，常在清代后就不再流行。如圆靠背交椅，基本都是明式家具。还有一些家具其造型就为其生产时间贴上了标签，如茶几本身乃是由明代的长方形香几演变来，是为适应清代的家具布置方法而产生的品种，尤其那些成套的套几。再者，在传世的大量实物中，茶几多为红木所制，显然就是一种清式家具。

2.局部造型变化

社会风尚不仅决定着家具的整体造型，

也会对家具的局部造型产生影响，如坐墩的整体造型即有从粗矮到瘦高的变化。

明代坐墩从总体看有海棠形、圆形，座面下多设有束腰，造型粗壮、平稳，两端各雕弦纹和象征固定鼓皮的乳钉，给人以敦实、简单的感觉，颇有古意。而清代坐墩造型则修长、轻灵、秀雅，多圆形，少束腰或无束腰，墩面平坦，装饰富丽，有的甚至集雕、嵌、绘、漆等技艺，工艺巧夺天工。为适应达官显贵室外室内陈设环境，造型变化较多，如在圆形的基础上，还派生出海棠式、梅花式、六角式、八角式等多种形式。

再如在扶手椅中，凡靠背和扶手三面平直方正的，其制作年代大多较早。从罗汉床的床围子形式变化来看，三块独围板的罗汉床，要比三块攒框装板围子的早；围子尺寸矮的，早于尺寸高的；围子由三

红木三屉二门小柜

清 长76.5厘米 宽52厘米 高82.5厘米

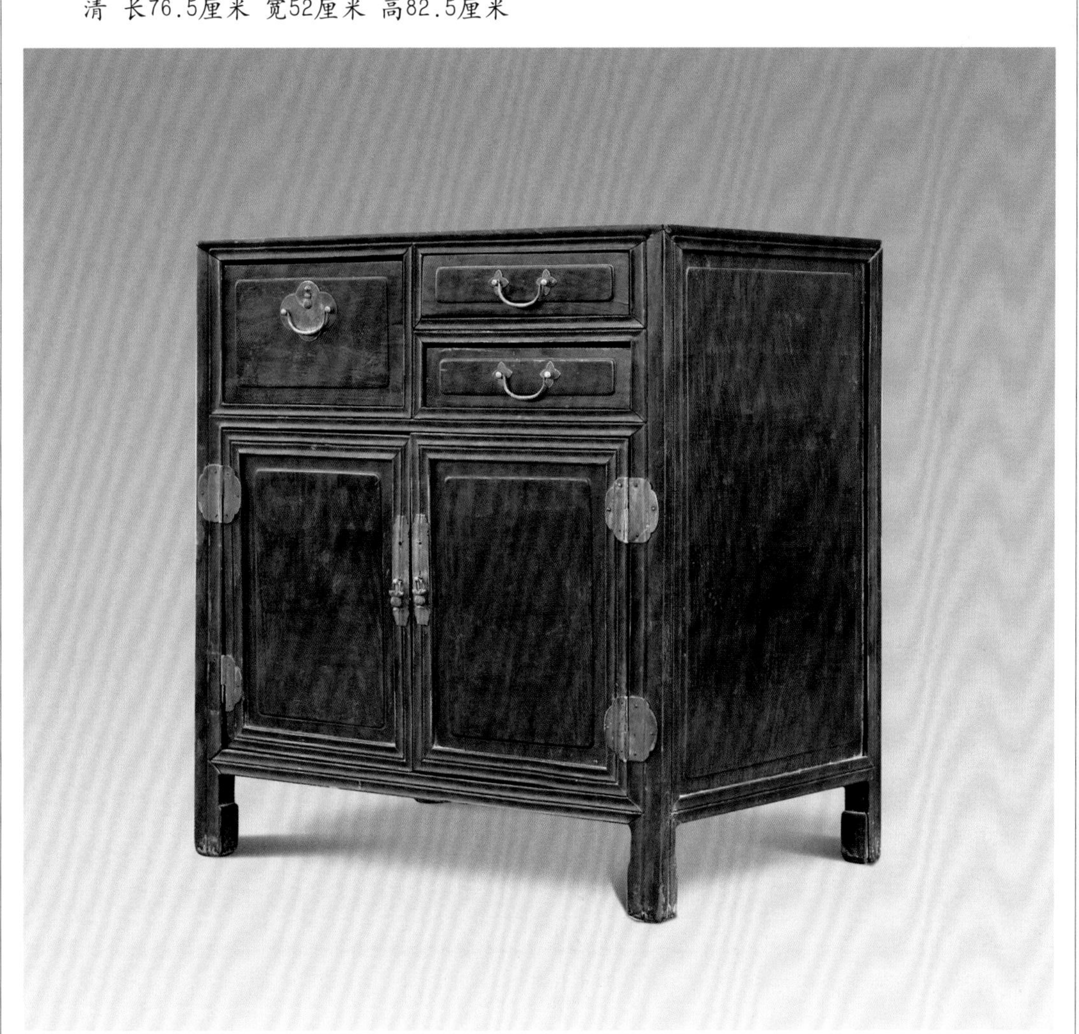

明式柞榛木方桌

清 长97厘米 宽97厘米 高88厘米

扇组成的要早,反之，则较晚。对于架格来说，区别它是明式还是清式，主要看它的横板是通长一块，还是有立墙分隔。至于架格被分隔成有高低大小许多格子的多宝槅，决非明式，它是清乾隆时期开始流行的形式。

3.构件造型变化

判断明清家具的时代和真伪，有时还可结合整体造型，以某些构件的造型变化为依据。如桌椅的腿足，即经历了一个由细瘦到粗壮的变化过程，凡具有细瘦特征的桌椅，其年代一般要早于后者。如明式官帽椅的靠背，基本光洁无纹。清式官帽椅的靠背，绝大多数是雕花板，素板罕见。又如明式家具的管脚枨都用直枨，而清中期后管脚帐常用罗锅枨，这是区别明式和清式家具十分重要的特点。

此类细节较多，如明清靠背椅和梳背椅的搭脑就有区别，凡搭脑中部隆起者要比平直者晚。凡搭脑和后腿顶端以格角相结合就是一统碑椅的特点，为清式广作家具结构形式；而用烟袋锅榫卯结合者，为明式苏作椅子的做法，时代较早。

再如桌几牙条与束腰一木连作的，要早于两木分作的。椅子正面的牙条仅为一直条，或带极小的牙头，为广式家具的造法，时代较晚。苏州地区制造的明式家具，其牙条下的牙头较长，或直落到脚踏杖（横档），成为券口牙子。夹头榫条案的牙头造得格外宽大，形状显得臃肿笨拙的，大多是清代中后期的造法。

在桌椅的腿足上，明清两式的家具也表现出一些不同。如明式家具除直足外，还有鼓腿膨牙、三弯腿等向内、向外兜转的腿足，其与横向S型壶门牙板一气呵成，兜转的线条刚柔并济，似有无穷内劲，极富动感，令人回味。而清中期家具的腿足常作无意义的弯曲，线条矫揉造作，或者过度夸张，形象怪异。在马蹄的处理上，明式家具的马蹄都比较矮扁，有如马蹄内翻的马前腿，下部渐削与混面起边线显示了它的矫健，与上体格角圆转过渡，配以束腰显示了它的强劲与舒展。可以看做是明代文人外柔内刚气节的一种体现。

而清代的马蹄则逐渐增高，呈纵向的长方或正方，犹如书法中的“垂露”笔势。这种高马蹄足型是在清代中期开始流行的。

（三）纹饰特征判断

家具纹饰与其他工艺品一样，也具有鲜明的时代性，因此在识别家具真伪或者年代时，也可以作为参考依据之一。典型的如根据明清家具上的卡子花的式样，就可以有效地辨别明式或清式家具，并确定其大致年代。例如明式家具上常用双套环、吉祥草、云枝、寿字、方胜、扁圆等式样的卡子花；

红木有束腰马蹄腿炕桌

清 长39.5厘米 宽31厘米 高19厘米

红木禅凳（一对）

清 长62厘米 宽62厘米 高46厘米

而清中期以后的卡子花渐增大且趋于烦琐，有的还雕饰成花朵果实，有些则演变成扁方的雕花板块或镂空的如意头。

在具体纹饰上，明式家具最突出的特点是纹饰面积较小，且以带有吉祥寓意为多，常见的如方胜、盘长、“卍”字、如意、云头、龟背、曲尺、连环等纹。一般来说，明式家具纹饰以精致但不淫巧、质朴而不粗俗、厚实却不沉滞见长，题材寓意大都比较雅逸，有文人雅士之意趣，平添了明式家具高雅的气质，具有独特的美学个性和艺术形式。与明式家具纹饰相比，清式家具以雕绘华丽见长，在表现手法上，清式家具可谓锦上添花，满眼的雕绘和装饰华丽绚烂，几乎看不到大片的光素部位，也体现出了清式家具特有的美学风格。

清式家具的纹饰图案题材在明式的基础上进一步发展拓宽，不仅沿用有明式方胜、盘长、“卍”字等简单明快的几何形图案，植物、动物等复杂纹饰以及风景、人物等场景式纹饰画面也层出不穷，并随着广式家具的兴起，许多西洋纹饰也随处可见，可为包罗万象，无所不有，十分丰富。

在纹饰的表现上明式的较为疏朗，轻松灵活，有透气感，而清式的以密、满、多为特色。典型的如“卍”字纹，在明式家具的床榻上常作为围子的装饰纹饰出现，而清式则发展应用到了柜橱的门扇和抽屉面、桌案的牙条、椅凳的腿子等部位，且多用二方连续、四方连续图案加以装饰，画面饱满密实，鲜有“空白”之处。尤其是云纹和回纹使用最多。回纹在清式家具中，是最具代表性的装饰纹样。在椅子背板、扶手、腿足，以及桌案的牙条、牙头等部位，最喜用回纹。特别是乾隆时期，在桌案椅凳类家具的腿足足胫几乎无一例外地雕饰有回纹马蹄图案。以至

黄花梨独板联二橱

清早期　长82厘米　宽40.5厘米　高81厘米

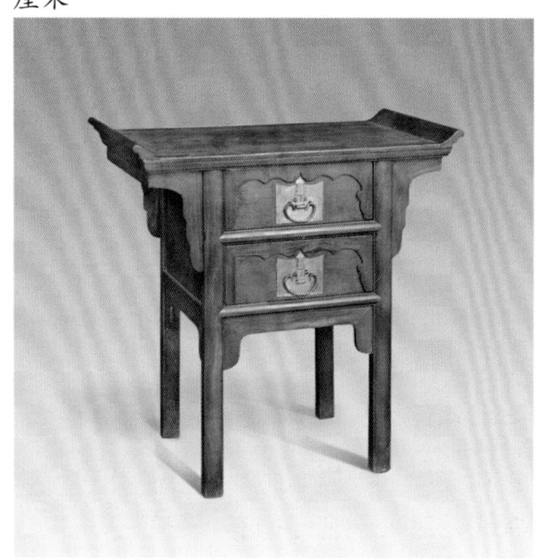

紫檀方桌

清　长77厘米　宽77厘米　高83厘米

榉木圆角柜

清早期 长82厘米 宽41厘米 高174厘米

人们习惯的认为：凡有回纹装饰的家具，基本上是清式家具。

清式动植物纹饰有传统的麒麟、夔龙、夔凤、螭虎、龙、兽面、狮子等，植物纹饰有梅、兰、竹、菊、葡萄、折枝、卷草、灵芝、牡丹、西番莲等，均表现一定的美好寓意。有的还利用人们熟悉的动植物和器具拼凑成吉祥语句，以象征、谐音、比拟等夸张手法，借以表达吉祥、美好、富贵的寓意。典型的有“五蝠捧寿”、“鹿鹤同春”、“年年有余”、“凤穿牡丹”、“花开富贵”、“指日高升”、“早生贵子”、“吉庆有余”等等，适用于宫廷的有“龙凤呈祥”、

红木长条桌

清 长177.5厘米 宽50厘米 高85厘米

柞榛棋桌

明 长70厘米 宽70厘米 高83厘米

"葫芦万代"、"福山寿海"、"二龙戏珠"、"洪福齐天"、"松鹤延年"等等，创造出许多许多贴近百姓生活的吉祥图案。这类纹饰因富有生活气息而深受普通老百姓的喜爱。

值得注意的是，有些题材在明清两代均有使用，但图案细节却存在差别。如麒麟，在明中叶时一定为卧姿，即前后两脚均跪卧在地，而晚期至清早期，麒麟变为坐姿，前腿伸直，后腿蹲坐，进入清康熙以后，麒麟就站起来了，虎视眈眈。

由于明清家具在纹饰方面或沿袭传统，或刻意仿造，极难断代。因此，可选择同时期的玉器、瓷器上的纹饰作参照物进行对比断代。尤其是明清建筑物上的装饰纹样，往往与家具装饰花纹在材质、内容和形式上有更多的相同之处。在参照对比时，宜采用题材相同或接近的加以对比，这样就比较容易判断年代，结果也较准确。

（四）制作装饰工艺特征判断

制作工艺特征主要从纹饰雕刻工艺、榫卯结构工艺、榫卯接合方法和髹饰打磨工艺四个方面判断。

1.纹饰雕刻工艺

装饰雕刻是明清家具制作工艺的重要表现手法之一。了解不同时期的装饰雕刻工艺可以区别明清家具的不同，同时也可以作为识别仿作家具的一个手段。

有人说，明式家具优美的造型即是一件完整的雕塑杰作。如果在这种观点上延伸的话，明式家具上精美的雕刻即是家具的"眼睛"。明式家具的低矮雕刻部位很少，但非常精到。其雕刻技法也包括了圆雕、浮雕、透雕、半浮雕半透雕等等。典型的如椅具靠背板上的如意纹、麒麟纹等，或浮雕或透雕，虚实相间，表现出了灵动通透、主题突出的美学效果。而清式家具多通体满雕，令人目不暇接。如在椅子的背板、桌案的牙条、挡板等部位，有的使用整块透雕，明显突出剔透、空灵的效果。浮雕在清式家具中应用得很多，典型的如清宫紫檀方角大柜的门上，就雕有云龙纹，纹饰雕琢细腻，打磨精到，具有很强的立体视觉效果。

明清家具造型装饰特点是在文人雅士和清宫皇家贵族的参与和指导下形成的，是在材料、工时和技术都比较宽裕的基础上实现的，加之工匠的心态也相当平静，故而家具纹饰雕刻精细，圆润自然，与整体造型风格协调一致，体现出各自不同的艺术风格和高超的技艺。

而伪者不同，多是在利益的驱使下，为了降低成本多以仿造为手段，对纹饰的结构不作深究，只刻意追求像与不像而使纹饰失去了神态，加之为赶时间顾此失彼，使纹饰该圆处不够顺畅，该方处不够坚挺，刀法呆滞生硬，以致整个纹饰布局失去均衡。尤其在那些对线条十分讲究的部位，其加工难度更大，稍不留意就会在雕刻上露出马脚，露出破绽，很难做到精致。只要仔细审查就不难发现。

2.榫卯结构工艺

传统家具发展至明清，其各构件之间已采用精巧的榫卯结构相连接，并且各构件之间已完全可做到上下左右、粗细斜直连接合理，面面俱到，而且工艺精准，榫卯严密。所以在古典家具收藏业内，也常有人把榫卯结构结合得是否密实作为一个辨伪的关键点。如明清家具均以手工精心制作，其榫卯的各个切面也都是在手工的操作下完成，唯有结构方正，才能做到切面咬合密实，完美化解外作用力，使整体家具浑然一体，坚固异常。而伪工为实现短期效益，常借助现代化机械进行加工。如明式圆角柜的透榫孔洞两侧若呈圆弧形，就说明是使用现代机械中的打眼机完成的，那么就不难断定家具也是新仿的了。但也有一些行家对此谙熟，且仿造得也很相似。但是无论如何，毕竟不同时代的家具榫卯所使用的工具和材料总会有所不同，仔细观察，必有破绽。典型的如老家具的榫卯一般是不用铁钉和胶液固定的，而家具在近百年甚至是数百年的流传过程中，榫卯结合部位势必会遗存有残垢

酸枝蟠螭纹多宝架

清中期　长48.2厘米　宽23.3厘米　高24厘米

紫檀小翘头案

清　长48厘米

和积尘，甚至还有风化的迹象，这是伪工很难做到的。又如明清民国硬木家具，在看面上是看不见通榫透榫的，也看不见木材的横断面，部件连接均采用卯榫结构，不钉一颗钉子，但仿制家具会在不明显处改用钉子钉。

再者，为了求得家具的方正平直，明清时期的家具木料常常会闲置数年、十数年乃至数十年，以求得木性稳定。而伪工则常用火炽的办法矫正扭曲的材料，在这种情况下，一些炙烤处理不够好的家具就很容易开裂、起翘。典型的部位如家具的背面，尤其是橱柜类家具的背面，往往就会出现翘裂的现象。

3.榫卯接合方法

榫卯结构的接合方法也尤为重要。我们知道，明清家具的榫卯结构制作非常严谨，而且可拆可装，是不用铁钉和胶水

鸡翅木马蹄腿罗锅枨有束腰条桌

清 长111.7厘米 宽56.2厘米 高88.5厘米

的，典型的如明清家具常见的插肩榫等。但伪工不同，在他们技术、耐心和追逐利益的心态影响下，是很难做到榫卯接合严密的，而常常借助钉子和胶液辅助加固。即便是可以做到严实，家具也会在搬运或者温度湿度的影响下开裂，暴露出结合部位的开裂的新茬，尤其在南北方转移的过程中，这种现象尤为明显，足令伪工防不胜防。

4.髹漆打磨工艺

本文所指非髹漆家具的打磨工艺，而是专指黄花梨、紫檀、红木等珍贵硬质木材家具的髹饰和打磨工艺。我们知道，在明清时期，为了体现这些硬木家具材质的天然纹理，一般是不作色漆髹饰的，而是用透明的罩漆或者蜡轻涂一遍，然后在罩漆待干未干之时，用纱布揩掉表面漆膜，并经多次反复，直至表面呈现光亮，这就是“清水货”。而仿制的家具不同，限于材料、技术和工时的限制，一般就用色漆调整木材色调的一致性，故而使得家具木纹的本色被遮盖或者变得模糊不清，复而在打磨上亦不下工夫，最终形成家具纹理色彩黯淡无光的现象。

打磨是指在硬木家具完成后对家具棱角、毛茬和一些细微之处的打磨。对于传统古典家具，在制作过程中，不仅有严谨的法度恪守，而且还要遵循“三分做工，七分打磨”的打磨规律，尤其是取材华贵、制作精良、雕琢细腻的硬木家具，其打磨就显得尤为重要。有的甚至在打磨上下的工夫是雕刻制作的几倍。也只有这样，硬木家具上的细微之处、深凹之处和一些不起眼的地方才能够打磨得非常光滑顺畅，手感细腻光洁，才足以反映出硬木

鸡翅木多宝槅

清 长87厘米 宽38.5厘米 高154厘米

红木太师椅（一对）

清 长60厘米 宽44厘米 高96厘米

家具良材精工的高贵品质。然而，在现代社会里，刚做的家具多用机械打磨，往往表现出大面积平坦部位的打磨足够到位，但那些凹凸不平，尤其是高浮雕、透雕的部位则由于力非所能及必然会残留有许多

粗糙的痕迹。

（五）配件气息

配件是指明清家具上的辅件，如面页、铰链、把手、门扣、合页、包角的铜件以及抽屉和镶嵌的云石等等。这一点仅适用于有配件的明清家具。在明清家具中，有许多家具都配有铜质的辅件，行内称“铜活”。典型的如橱柜、官皮箱、抽屉桌等等，一般是在家具制作时配备完

榉木小童椅

清 长46厘米 宽38.8厘米 高85厘米

柞榛木翘头小几

清 长63厘米 宽29厘米 高30厘米

善，很少有后配的情况。有些“铜活”还用白铜打造，有的还会在“铜活”的外表錾刻出动物、花卉、吉祥字符等各种图案，极富有装饰性。

这些“铜活”一般也会随着家具的流传而被保留几十年甚至上百年，以致在岁月的侵蚀中、在平日擦拭的摩挲中变得黯淡无光，有的还残留有厚厚的积垢，尤其在“铜活”的周边，积垢更为明显，其陈旧、苍老的呈相也与家具熟旧的气息完全吻合和一致，显得非常沉静、含蓄。与之不同的仿作家具，在短时间内是难以具备这样的特点的。单凭“铜活”上的錾刻花纹，其工艺之精就足以成为仿刻的难点。

一如铜件一般，明清部分家具中的抽屉和云石也有这样的特点。如家具上的抽屉板、底板和一些坐具、插屏上镶嵌的云石，一般都是在家具制作过程中同步完成，都有一种难以仿制的熟旧气息，这些都是鉴别老家具真伪的关键之一。

（六）包浆熟旧程度

“包浆”是古玩收藏领域的行语，系古代器物在经年传世的过程中，受岁月侵蚀和长期擦拭摩挲后，在其表面形成的一种风化迹象和熟旧呈相。在南方则称之为“皮壳”。

包浆是一件古代器物呈现出的整体气息，有相似性，也有独立性。也就是说，每件器物的包浆呈现出的气息是不同的，有的较“新”，有的较“老”，但不论整个器物是干净漂亮抑或积垢重重、破败不堪，其由包浆所反映出来的时代气息应该都是一致的。一般年代远者包浆厚重，年

红木带玻璃二门书柜成对

清 长90.6厘米 宽38.5厘米 高193.7厘米

代近者包浆轻浅；常擦拭者包浆明显，无擦拭者包浆隐蔽。故而包浆也成为古器物众多识别鉴定的方式方法之一。

与出土器物不同，明清家具作为一种实用器势必会在使用的过程中留下痕迹，也会在岁月的侵蚀中遗留有斑驳的积垢，从而形成传世家具上不同部位、不同呈相的包浆。如一件橱柜，其表面或因经常擦拭光洁明亮而包浆浓郁，而橱柜内表则会因为鲜有擦拭显得黯淡无光，腿足足胫部分会因地面潮湿表现有水渍或者腐败的迹象，包浆却不甚明显等等。尽管如此，在没有发现各部件有更换的前提下，其包浆的呈相和气息不论浓淡都显得极为协调一致。

而伪工不同，其首先多不能完全正确理解明清家具的制作规律。再者，其借助漆蜡甚至鞋油等劣质材料“加工”包浆，不仅很难“加工”，而且“加工”出来的光泽也很呆板、轻浅、生硬，有的用手触摸有一种腻涩、受阻的感觉，甚至黏手。更无法使整件家具各不同部位的包浆气息统一，要不“加工”出来的包浆极不自然，要不在不该有的地方也“加工”出来，很难做到整件家具的气息协调统一。

（七）整体气韵判断

气韵是一个较为抽象的词。它由主体和客体两者所决定。也就是说，一方面是由主体本身是否具有一定的艺术高度所决定，而另一方面也由客体是否具有欣赏、理解和领悟这种艺术高度的能力所决定。二者同时存在，相互制约。

具有鲜明的东方艺术风格特点的明清家具，是一种浸润着中华民族独特审美追求和审美情趣的艺术典范。其造型、结构、工艺、装饰无不强烈地展示着民族特色和东方艺术神韵，由此而形成的工艺精湛、品位高雅的东方家具体系，在世界家具的发展史上独树一帜。毋庸置疑，我国明清家具的气韵是客观存在的。它饱含着明清两代的政治、经济、文化、艺术以及人们的生活习俗、观念意识、审美情趣，甚至科学技术和物质发展水平等综合信息。它隐藏在每一件家具的结构内，渗透在每一件家具的细节中，体现在每一件家具的外表面，是通过家具的材料、造型、结构、工艺和纹饰等方面反映出来的，是明清家具的灵魂，也是我国传统家具艺术作品的最高境界。

明清深远的历史文化赋予了明清家具的独特韵味。在明代，饱经异族铁蹄践踏的中原传统文化在文人中沉寂，继而又在绘画、书法、家具上释放。明式家具其简洁内敛、素逸剔透、空灵优雅、文气阴柔的造型，无不透析出明代文人浓厚的精神情趣与风韵，形成了明式家具造型朴实、结构严谨、线条流畅、工艺精良、漆泽光亮的时代特点。

清代，皇家风范的宫廷文化诞生并发展，遂产生了造型浑厚雄伟、色彩强烈、辉煌璀璨、富丽高贵的清式家具，强烈地体现着“九五之尊”的皇家风范。

欣赏这些经典美器是需要深厚的文化底蕴的。也只有如此，我们才能够读懂和准确的领略两个不同时代背景下的艺术成就的不凡之处，由此摆脱对器物外观辨识的、形而下的窠臼，逐渐游走在精神、思想、气韵等形而上的境界中。

红木独板瘿木面棋桌

清 长74厘米 宽74厘米 高83.5厘米

明清家具的继承与创新(代后记)

一、明清家具的复兴

明清家具的收藏始兴于20世纪30年代，是由一本《中国黄花梨家具图考》开始的。从18世纪开始，外国人开始大量地搜集、收购中国明清家具，并运往海外。中国的家具开始流向欧洲各国及美国等地。1944年，《中国黄花梨家具图考》由一位德国收藏家古斯塔夫·艾克出版，该书是第一部介绍中国古典家具的著作，在学术界产生了很大影响。该书的出版让世界认识了中国古典家具之美，书中的家具造型及所体现出的制作技艺，更令国内外不少专家学者叹为观止。同时，也唤醒了国内有识之士对明清家具的认识和重视。家具的收藏首先在港台地区兴起。1985年，“京城第一玩家”王世襄先生《明式家具珍赏》出版。该书以图录的形式出现，主要内容为图片和图版解说，共收录明式家具珍品162件，全书彩图及局部彩图共332幅，家具实测图42幅，黑白图186幅，将所收录的162件家具珍品分门别类，按照器形由简而繁，从结构的基本形成到成熟阶段，通过图片、文字解说对明式家具进行了系统而细致的介绍。该书兼备了知识性、学术性、艺术性和实用性，成为文化艺术研究者、家具设计师和家具收藏家学习研究的重要参考资料。

《明式家具珍赏》一书的出版，可谓掀起了我国明清家具研究、收藏以及制作销售市场的热浪。经相关资料表明，此书至1988年，就有包括台湾繁体中文本与盗印本，以及英、美、泰国等不同的出版社的英文本、法文本、德文本等九个版本问世，成为中国改革开放以来在海内外最具影响力的文物图集。甚至有许多家具制造商将此书奉为圭臬，大肆仿制书内明式家具造型。随后，大量的港台收藏家便开始涌入内地，苦觅穷搜内地遗存的明清家具。至此，曾一度湮没于历史尘埃中的明清家具再次走进人们的视野。

二、明清传统家具在新时代的变化

改革开放后20多年来，随着我国改革开放的不断推进和深入，我国综合国力日益增强，人民生活水平大大提高，取得了举世瞩目的成就。

在我们迈向中华民族伟大复兴的路上，国民经济高速发展，文化繁荣，物质生活日益充裕的人民群众又将目光转向了更为丰富多彩的精神生活领域。各项工艺美术的生产和加工逐渐恢复并取得了显著效果，收藏市场持续高温，明清家具成为继玉器、瓷器、书画三大收藏专项之后的又一个热点。在家具制作加工方面，随着居住环境的改善，人们也逐渐融入了更多的民族传统文化元素，大量仿制的明清家具也走进千家万户，成为家具市场消费不可忽视的重要部分。

尽管如此，在我国坚持改革开放已30年的今天，我国也逐步推进了多元文化共存的进程。如今，中华民族的经济生活在文化多元性的框架下已融为一体，形成了相互促进、共同发展、共同繁荣的大格局。在这种情况下，具有民族传统风格特点的明清家具的仿制、加工和使用也出现了一些新的变化。

这些变化主要表现在材料、工艺、造型以及审美观念上。

（一）材料的变化

由前文得知，明清家具的材料以硬木中的黄花梨、紫檀、红酸枝、鸡翅木等为主，而在黄花梨、紫檀等名贵硬木日益枯竭的当下，除带有明显收藏性质的传统家具外，民间一般多使用红酸枝、鸡翅木，甚至种植较为普遍的榆木、核桃木来制作具有实用功能的明清传统风格的家具。除此之外，有的还用樟木、楠木等，甚至从非洲、东南亚进口一些木材替代，从而形成了当代传统家具用材的多元性和多样化。

（二）工艺的变化

我国传统家具卓越的结构形式、良好的力学稳定性和优美的造型，成就了我国传统家具的典范。而在国内外多元民族风格盛行的当下，在现代的社会文化、生活方式中，人们为了适应市场的需求，为了满足对日常生活、生产的服务，传统家具的功能、形式等各方面都在不断地拓宽应用范围，与此同时，家具的制作工艺也产生了变化。我们知道，明清传统家具是用合理精巧的榫卯接合，在不同的部位有不同形式的榫卯结构。常见的榫卯有几十种，如格角榫、抱肩榫、套榫、扎榫、穿带榫、燕尾榫、粽角榫、插肩榫、边搭榫等等，根据不同部位和不同的功能要求，可将家具中的板材、直材、横材、弧材等相互搭配而巧妙组合，既可拆卸，又可重新组装，非用铁钉和胶水合即可达到坚固牢靠的目的，尤其是利用榫卯的接合而不致木材截面外露，保持了材质纹理的协调统一和整齐完美，更是令人着迷。

与之不同，现代家具的制作材料种类已非常丰富，现代制造机械则为家具的制作加工提供了高效率、产业化的加工手段，日益发展的工艺美术设计也为传统家具的造型提供了广阔的发展思路。然而这些变化的关键是传统家具榫卯结构被简单地程式化，如原来由手工加工的方榫变成了由现代化机械加工而成的圆榫，有的甚至仅用强力化学胶水进行黏合，这都与传统明清家具产生了天壤之别的变化。

（三）造型风格的变化

近年来，我国经济发展迅猛，国民收入增加，居住环境大为改善，家具消费市场稳定升温。在传统民族文化伟大复兴的社会背景下，在多元文化共存的社会环境和以家庭为单位的居住环境中，传统与时尚、古典与现代碰撞、交织、融合在一起，传统家具的造型出现了新变化。传统古典的、西洋风格的、现代时尚的，甚至是一些追求个性化的家具均已出现。这是社会发展的必然，也是家具发展的必然。

工艺或许会使家具的结构产生变化，而造型风格的变化是明清传统家具变化的直接体现。

传统的明清家具是一种实用器具，它是物质的，但它同时又是精神的，与我国诸多的传统文化、社会生活、艺术、宗教甚至养生都有着十分密切的关系。比如，明式文人家具造型“简练、淳朴、厚拙、凝重、雄伟、圆浑、沉穆、典雅、清新”，崇尚自然，堪称时代文化精神追求的物质载体，体现了中国天圆地方的理念和天人合一的思想，把中国家具发展史推向了巅峰。

文化的多元性决定了传统明清家具在新时代造型风格的多样性，这主要表现在几个方面。首先严格按照明清家具的尺寸、比例和工艺，甚至还追求材料的高度统一性，不越“雷池”半步，完全遵循明清家具的法度制作。其二是现代人为追求生活化和功能化，将传统明清家具的尺寸有意改变，进行适当改良，以适应家庭生活之需。典型的如尺寸较大的官帽椅，为与家庭陈设环境相适应，也为了更加适合现代人的生理结构和生活习惯，将其适当缩小尺寸。除此之外，有的传统家具还作一些辅助结构上的增减等等。有一种是在餐厅中专供小孩子用餐使用的座椅也很具有典型性。其造型源于圈椅，整体造型缩小，但四足加高，唯不同之处是在前方连帮棍之间另外加装了一块横向的面板，并在面板和座面大边之间加装了直枨，以防止小孩子向前方滑跌。这种椅子以传统榫卯结构构成，结构稳固，传统韵味十足，安全舒适，又非常实用，应当可以说是传统家具的一种创新。其三是一些洋为中用或者中西合璧的家具，这种创新早在清代乾隆年间的紫檀家具上就有所体现，那些传统结构家具上的西番莲、蔓草纹就是例证。其四是一些我们现今在家具市场都会看到的“简约风格”的现代家具，其中一些就明显具有明清传统家具的遗风。

三、继承和创新是辩证发展的过程

在继明清辉煌以后近500年的现今，我国优秀传统文化的代表——明清家具随着社会的发展再次出现在了人们的面前。在新的历史时期，我们又该如何看待传统家具的继承和发展，又该如何才能使传统家具既继承前人的优良传统，又不囿于前人的藩篱而有所创新继续发展？历史证明一切艺术形式都有其发展的脉络，但都需要依靠继承传统为根基，既要有前人的创造，也不乏后者的创新，其历史本身就是传承与创新逐步推进的过程。继承传统是艺术存在与发展的前提和基础，继承是发展的基石，创新是发展的动力，继承和创新是辩证发展的过程。

（一）要继承传统家具的精髓

发展首先是继承，就是要继承明清传统家具的精髓。笔者认为，明清家具的精髓就是其由内而外所体现出的精、巧、雅以及所承载和体现出的文化理念。如“精”就表现在材料的甄选、制作工艺的精细以及在结构上的精练等等。“巧”是指家具造型和榫卯结构的设计，因为有了独具匠心的巧妙的设计，不仅实现了家具结构的完美呈现，更使家具的结构浑然一体，坚固牢靠而经久耐用。“雅”是明清家具尤其是明代家具所体现出的一种综合气息，其融合了儒家倡导的中庸之道和道家尊崇的天真自然，是明代文人主导和参与家具设计制作的结果，是简练、朴素、精巧、温和、含蓄的，是文人精神生活的写照，承载和表达了文人的文化理念，也是我国传统文化的集中体现，是一种超然物外的精神境界的美。清代家具略有不同，以清宫皇室为代表的宫廷家具，在材料的选择上，以质地坚实、色泽深沉神秘的紫檀为主要材料；在制作上则继承了明代家具的榫卯结构的“精”和“巧”并有所发展，而在气韵上淡化了明代家具的文人气息，造型宽大稳健，结构精整，雕饰繁缛，装饰华丽，故而形成了以清宫家具为代表的与明代家具相迥异的一种饱满、夸张和极富有张力的清代家具总体风格，是清代对明代家具“雅”的继承和创新。

“精”与“巧”的继承是毋庸置疑的，如何继承“雅”并“创新”地发展“雅”似乎才是关键之所在。

创新是艺术生命之树常青的源泉。艺术上的创意，会跨越时空。这一点在明清传统家具中不乏案例。典型的如圈椅，其最早出现在唐晚期，在宋基本成型，至明代中晚期已成为使用最广泛的椅类经典式样之一，至今，圈椅依然非常盛行。再者，艺术的创新会跨越行业的范畴。他山之石，可以攻玉。我国传统文化深厚，行业众多，艺术表现形式有建筑、书画、陶瓷、紫砂、玉石、珐琅、编织等等。在明代，这些艺术领域稳步发展，异彩纷呈，艺术魅力熠熠生辉，并在诸多文人思想的主导下，产生了与这些艺术形式一脉相承的、具有书画简牍清雅意境般的明代文人精神特质的家具艺术作品。

（二）创新必须顺应时代发展和生活需要

家具是生活实用器具，与人们的生活起居息息相关。今日，随着人们居住环境的不断改善，家具造型的创新首先要满足生活之需。再者，当前人们审美观念已在多元文化的影响下产生了很大变化，所以，在我们进行传统家具创新设计之时，就应充分考虑到当代社会审美情趣的变化，积极融入当今社会文化的多元性，既要满足生活之需，还应顺应时代变化，设计制作出承载现代人思想和情感的传统家具作品，规范和引导现代传统家具的审美和消费观念，推动传统家具的创新和发展。

值得一提的是，随着我国明清传统家具市场的升温，许多仿制的明清古典家具也受到越来越多人的青睐，尤其那些近年来非常流行“精工细作”的清式家具，所制均精雕细刻，雕琢繁复，制作者还常以百工甚至千工而自诩。但这均与继承和创新相悖，只是一味追求繁缛雕刻的短视行为。我们知道，明代家具以简约致雅见长，清代家具中的京式和广式家具虽施精工，却是在形神兼备的基础上进行的。而现代的“精工”家具作品则是一种机械的继承，大多是对清代崇尚的精雕细作理解片面，缺乏美学知识和艺术造诣，对创作主题及内容理解不够，仅注重局部的雕琢，将“精细”发挥到了极致，纹饰粗俗凌乱，忽视了家具的整体性，致使家具作品毫无匠心，唯见匠气，与科学的继承和创新相距甚远。

（三）创新要适应现代科学管理、科学生产的模式

传统家具的现代化，关键是制作工艺的现代化。在民国至新中国成立之初，我国的现代化工业一直处于探索阶段，家具的生产亦然。1949年新中国成立后，人民的生活水平开始有

了提高。70年代初，北京有了凭票供应的家具，常见的有带玻璃门的板式大立柜、带合页的翻盖木箱和镀铬腿的折叠椅，接着又出现了贴塑料膜的方形和圆形折叠桌以及小圆盘面的折叠椅。这些代表着工业化生产的家具，替代了明清家具。在当时特定的环境下，这些带有玻璃镜子的大立柜和电镀腿人造革面的折叠椅，成为了一种时尚。

80年代中期，电脑技术的兴起极大地提高人们的欣赏水平，也推动了家具设计制作的发展，那些养在深闺人未识的优秀的明清家具，通过电脑的现代化技术广泛呈现在人们的眼前。至2010年这一时期，中国的家具制造也应分为两个板块，一个是明清、民国家具款式为主的传统家具，另外一个是以工业化生产为主的板式家具。从生产人员与产值来看，板式家具大大超过了明清传统家具。

继承与创新是一个对立统一的辩证发展过程，两者互相依存，不可分割。在电脑等现代化技术的加工手段中，大量新材料、新工艺的现代化家具出现，同时这些先进的现代化技术也广泛地应用于传统家具的设计制作。传统家具要在继承中创新，在创新中发展，就应该适应社会发展，适应现代化的科学管理和科学生产。

传统家具的现代化生产可以贯穿整个家具制作过程，比如说木材的干燥，在古代多用露天自然干燥法，用时较长，而现在则可通过烘干机械进行，用时较短，干燥效果也很好。再如下料开料，在古代都以手工进行，材料损耗较大，而现在以电脑精准切割，损耗极小。除此之外，还可将传统明清家具的各个部件、榫卯结构进行电脑模块化设计，充分利用现代化的技术条件，实现标准、精准、科学、高效的生产作业模式，降低材料损耗，减少浪费，将生产的重点放在造型的设计和创新上，以拓展市场和扩大适用人群，从而推进我国传统家具现代化的速度。

当然，我们也不能否认，在生产技术日益成熟的今天，现代化的生产加工手段毫无疑问地提高了现代明清家具的制作加工速度，甚至是完成了手工难以完成的雕刻。但我们也应承认，随着现代化机械的产生和应用，一些以从事雕刻为生的手工业制作技工纷纷转行，造成了传统从业者的流失。更为严重的是在带来技术进步的同时，也带来了负面效应。如电脑雕刻机出现，就使设计人员产生过于依赖电脑的操作而疏于创作，普遍形成了雕刻内容的千篇一律，甚至相互“借鉴”，仿制成风。其次是在雕刻完毕后，不进行手工修饰，使作品粗糙和俗气。这都是不可取的。

（四）科学发展才是正道

在上世纪80年代以前，我国物资匮乏，家具的生产仅能满足人们基本生活的要求，家具的品种、结构和材料都很简单。而至80年代，一切都发生了翻天覆地的变化，优秀的传统明清家具在收藏市场上价格持续上扬；生活水平提高后，人们对家具的要求也逐步提升，夹板家具、布艺家具和现代古典家具三足鼎立，特别是传统古典家具成为了新时期的追捧对象。现代传统家具的生产加工、使用和审美观念都随着改革开放政策的推行和深入，迎来了复兴的曙光。在现代文化思潮中，人们开始思考整个社会和家庭生活的过去、现在和将来，并在满足了物质生活需求的同时，开始了对精神生活的追求。传统家具回归到了家庭，但又与曾经辉煌的明清时期不同，人们对它则给予了更多的审视和考量。

文化产业作为“十二五”期间国民经济的支柱产业，为传统制造业带来无限发展机遇。面对日益蓬勃的家具消费市场，现代的传统家具只有结合明清时期的历史背景，深入分析明清家具的造型结构、制作工艺，加深对明清传统家具的认识和理解，在对其有了深刻透彻的领悟和理解后，才能使我们对传统家具作品的优劣作出正确的理解和判断。充分考虑现代人追求生活化、功能化、人性化的需求，食古而化，把古典的、现代的、时尚的元素加以结合，古为今用，洋为中用，才能做到“去其糟粕而存其精华”。正确的保留和弘扬，并加以继承和创新，才可以“青出于蓝而胜于蓝”。要从观念上加以提升和转变，既不能一味地去仿制，也不能毫无根据地去“改良”，要立足于传统，结合实际，结合时代之需和审美观念的变化进行创新设计，科学地发展祖先遗留下来的优秀传统文化，弘扬传统家具文化。

李锡平　2012年冬写于北京石韵斋